ソヴィエト超兵器のテクノロジー
戦車・装甲車編
多田将
イカロス出版
JN067922
カバーイラスト：ヒライユキオ

■兵器名表記について：本書では初出時のみ兵器名をキリル文字で記し、そのあとに［　］で一般的なラテン文字表記を添える（例：T-64БВ［*T-64BV*］）。また、専門用語についても、可能なかぎりロシア語／キリル文字とラテン文字を併記した（例：「対原子力防御システム（Система ПротивоАтомной Зашитуй、ПАЗ［*PAZ*］システム）」）。

第1章
戦車の基礎知識

写真：Ministry of Defence of the Russian Federation

ロシア軍のT-72（写真：Ministry of Defence of the Russian Federation / Евгений половодов）

陸軍のない国はない

ロシア語で「армия」、英語で「army」、ドイツ語で「Heer」、イタリア語で「esercito」と言えば、皆さんは何と訳されるだろうか。「陸軍」だろうか？ それも間違いではないが、これらの言葉は本来、より普遍的に「軍」を表わす言葉なのだ。つまり、どこの国でも「軍」と言えばまず「陸軍」なのである。

この地球上で、海のない国はあっても、陸のない国はない。どの国においても、海洋国家と呼ばれる国ですら、陸軍は軍の基本なのである。それが世界最大の国土を持ち、しかも国土が平坦で、天然の要害と呼べるような防御地形に恵まれていない、地平線の彼方まで向日葵（ひまわり）畑が広がるような国だったなら……。

そう、ロシアにおいては他のどの国よりも、さらにいっそう陸軍が重要な位置を占めるのである。祖国戦争（ナポレオンによるロシア遠征）でフランスを撃退したのも、大祖国戦争（第2次世界大戦における東部戦線）でドイツを撃退したのも、どちらも主役は陸軍であった。そんな陸軍の兵器について本書では語っていくことにしよう。

第2章では“陸の王者”とも言うべき戦車について、第3章ではそれ以外の戦闘車輌について、第4章では自走式火砲について、それぞれ解説する。そしてその前に、本章にて、それらの兵器の前提となる技術的な基礎知識の話をすることとしよう。

1-1 戦車とは何か

■戦車の三要素

某アニメ作品の影響か、日本では「Panzer（パンツァー／独語）」を「戦車」だと考えている人が多いようだが、戦車を意味するドイツ語は「Panzerkanpfwagen」であり、あまりにも長いため当のドイツ人ですら略して「Panzer」と呼んでいるに過ぎない。本来、「Panzer」という語には「装甲」という意味しかないのだが。しかし、この言葉に戦車の本質があらわれている。

「Panzerkanpfwagen」を分解すると、「Panzer（装甲）」、「kampf（戦闘）」、「wagen（車輌）」となり、これはそのまま戦車の三要素「走・攻・守」を表わしている。不整地をも走破できる走行性能と、敵戦車を撃破できる戦車砲の攻撃力、そして敵の戦車砲から乗員を防護する装甲を備えた兵器ということだ。このうち、二要素が省略されて「Panzer」だけになったということは、装甲こそが戦車の要素のなかでもっとも重要で、そしてもっとも本質的なものであることを象徴しているのではないだろうか。

ウクライナ軍のT-64BV。かつてソヴィエト連邦の構成国だったウクライナは数多くのソヴィエト製戦車を保有している
（写真：Ministry of Defense of Ukraine）

戦車とは何か

戦車と撃ちあうことができない車輌は戦車とは言えない。こうした車輌をソヴィエト／ロシアでは、「対戦車自走砲」に分類している。

■装甲こそが戦車の命

イタリアの「チェンタウロ」や我が国の「16式機動戦闘車」のような装輪式に砲塔を備えた車輌は「戦車」なのか？ これまでもたびたび議論されてきたテーマだ。この議論では、必ずと言っていいほど、「装軌／装輪であるかどうか」という見た目の話題に終始するが、それは本質的な問題ではない。また、欧州通常兵器削減条約（1992年発効）[※1] に戦車の定義が示されているが、各国間の駆け引きで決まる条約の記述も、理解の助けにはならない。

戦車か否かは、「用兵側が戦車として使えるのか」という一点に尽きる。戦車の任務はさまざまだが、もっとも重要かつ本来の任務と言えば、敵戦車と撃ち合いを行うことだろう。そう考えると、上記のような装甲の薄い車輌で敵戦車と撃ち合うことは自殺行為であり、結局のところ対戦車自走砲として活用することになる。

第3章で紹介する、ソヴィエト／ロシアの戦闘車輌「2S25」は、戦車砲を備えた旋回砲塔を持ち、装軌式で、見た目はまるっきり戦車に見える。その用途から「空挺戦車」と呼ばれたりもするが、その形式番号は明らかに「自走砲」のカテゴリーを示す。装甲の薄い同車輌を、ロシアが対戦車自走砲に分類していることがわかる。

このように、戦車が本来的な役割を果たそうとするとき、装甲こそが命となる。このことはよく理解しておいていただきたい。

「戦車」は、敵戦車と撃ちあう兵器。そこで重要となるのが「装甲」だ。写真は陸上自衛隊の16式機動戦闘車で、旋回砲塔に105mm主砲を持つが装甲は薄い（写真：陸上自衛隊）

※1：欧州通常兵器削減条約は、冷戦による東西対立のなかで欧州地域における東西両陣営の通常兵器（戦車、装甲戦闘車輌、戦闘機など）の削減を目指した条約（なお、発効は冷戦終結後となった）。保有数の上限を定めるにあたって、それぞれの兵器の定義が示されている。例えば戦車（Battle tank）は、「16.5トン以上の空虚重量」、「口径75mm以上の360°旋回可能な砲を備える」となっている

1-2 走 ―― 戦車のエンジンと走行装置

■機関はディーゼルエンジン

戦車といえども車輌であるため、エンジンはレシプロ（往復ピストン機関）が中心となる。レシプロエンジンには、大きく分けてガソリンエンジンとディーゼルエンジンがある。前者は乗用車など小型の車輌で、後者は重機や大型トラックなど重車輌で、それぞれ主流である。戦車は“重車輌の中の重車輌”であるため、ディーゼルエンジンが主流であるが、それには軍用車輌ならではの理由もある。

車輌用のディーゼルエンジンの燃料には、軽油が使われる（船舶用だと重油）。“軽”油とは「重油より軽い」の意味であって、ガソリンよりは重い。石油成分の比重は、そのまま揮発性に繋がっていて、軽いガソリンのほうが揮発性が高い。燃料は液体の状態であれば静かに燃えるだけだが、気体となると爆発する。したがって、被弾することが前提の軍用車輌には、安全性の観点から揮発性の低い燃料のほうが望ましい。このため、戦車のエンジンにはディーゼルエンジンが選ばれている（かつてはガソリンエンジンが使われていた時期もあるが、今では姿を消した）。

■ガスタービンエンジンのメリットとデメリット

戦車のエンジンとしては、ガスタービンエンジンも知られている。両者のメリットとデメリットを比較してみよう。

ディーゼルエンジンは燃費がよく、優れたエンジンではあるが、レシプロ機関であるため「ピストンの往復運動をクランクによって回転運動に変える」という、面倒

memo 燃料の揮発性

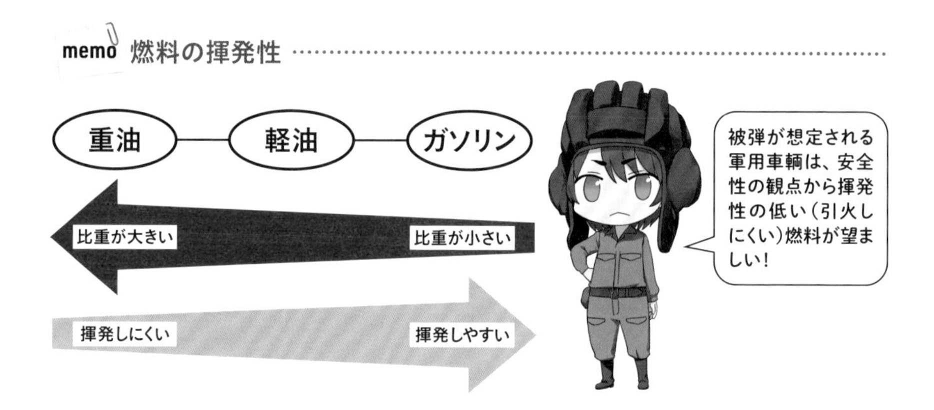

ディーゼルエンジンとガスタービンエンジン

ガスタービンエンジンの構造

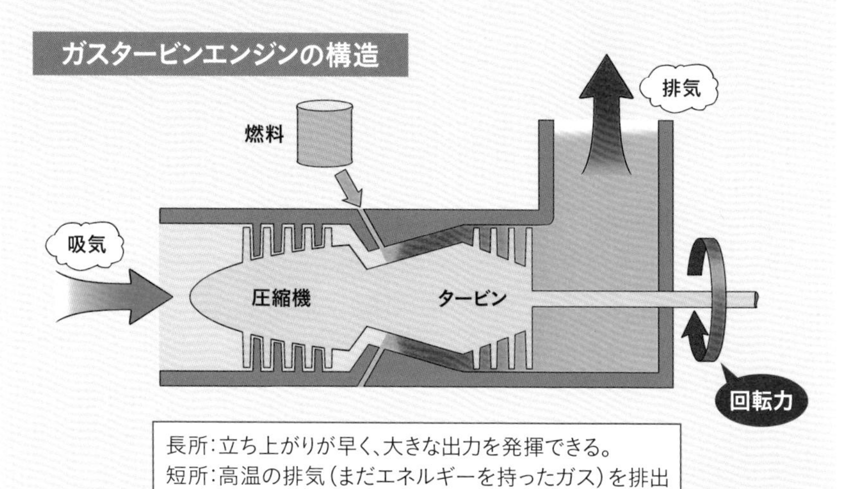

長所：立ち上がりが早く、大きな出力を発揮できる。
短所：高温の排気（まだエネルギーを持ったガス）を排出してしまうので、燃費が悪い。

ディーゼルエンジン（レシプロエンジン）の構造

長所：燃費がよい
短所：ピストンの往復運動をクランクによって回転運動に変えるという面倒な機構のため、大きさのわりに低出力。

で非効率なことをしている。そのためエンジンの大きさの割には低出力である［※2］。対してガスタービンエンジンは、回転する羽根車に直接燃料ガスを噴きつける構造で、軽くコンパクトで、立ち上がりが早く、大きな出力を発揮できる。しかし、排気が高温 ―― つまり、まだ充分なエネルギーを持ったガスを排出してしまうため、燃費が悪い。

現在、ディーゼルエンジンは戦車をはじめとする軍用車輛の主流となっている。ロシアの「T-80」、アメリカの「M1」のみ、ガスタービンエンジンを採用している。

■履帯 ―― 接地圧を下げる

走行装置についても簡単に触れておきたい。戦車の外見上の大きな特徴となっているのは履帯である。履帯は、戦車のような大重量の車輛を不整地で運用するのに欠かせない。通常、車輛は車輪（そこに装着されたタイヤ）で路面に接している。この車輪は円筒状であるため、路面と接触する面積がとても小さい。車輪にかかる荷重を、その面積で割った値を接地圧と呼ぶが、この接地圧が高いと路面やタイヤ（車輪）が変形してしまう。

鉄道のように硬い路面（線路）を走行する場合は、この変形が見てわからないほど小さいので、小さな車輪駆動力で高速を出すことができるが、路面やタイヤ（車輪）が大きく変形してしまうと大きな駆動力が必要となり、変形が大きすぎればまったく動かなくなる場合もある。

そこで重量のある車輛では、硬い路面を適宜敷設して、その上を走るという方法が採られた。もちろん走行距離分の路面は用意できないので、ある長さの路面を輪っかにして車輛に取り付け、それを回転させながら連続的に敷設と回収を繰り返す。この“路面”が履帯（track）である。このような仕組みのため「無限軌道（continuous track）」とも呼ばれる。

さて、これにより車輪と履帯とのあいだの接地圧の問題は解決したが、履帯と地面とのあいだの接地圧の問題は依然として残る。軟弱な地面の上で運用することが前提の車輛では、履帯の幅と接地長さを充分にとって、接地圧を下げる必要がある。重量のある装軌車輛ほど履帯幅が広いのは、そのためだ。

なお、履帯を使った装軌車輛は、左右の履帯の速度を変えることで進行方向を変える。さらに片方を停止させれば信地旋回（停止した側を軸とした旋回）が、左右逆向きに等速で駆動させれば、その場で進行方向を変える超信地旋回（車体中心を軸とした旋回）ができる。

※2：つまり同じ出力であれば、ディーゼルエンジンはガスタービンエンジンよりも大きく・重くなる。

サスペンションはなぜ必要か？

もし、サスペンションが無ければ
揺動や振動で、戦車と乗員は
正常に機能できなくなる。

サスペンションは走行状態や地形にあわせて、転輪を上下にスイングして車体を安定させる。また、車輪・履帯が地形に適切に接することで、車輌の動き（前後進、右左折、停止）を可能とする。

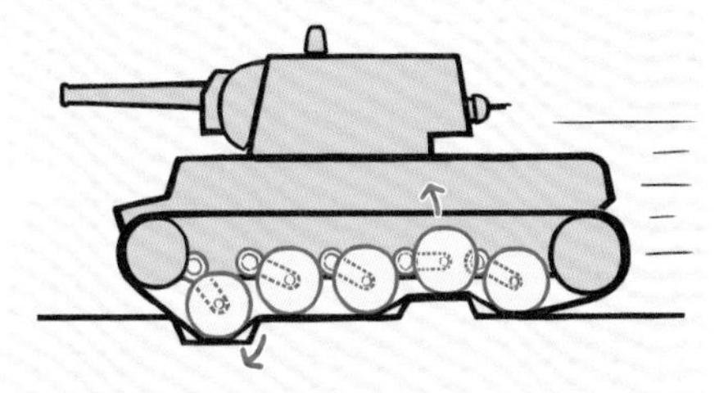

トーションバー・サスペンションのしくみ

転輪の上下動がアームを通じてネジリ棒に入力されるが、ネジリ棒の反発力により衝撃が緩衝され、車体の姿勢は維持される。
また、左右の転輪のトーションバーが前後に連続して配置されるため、転輪の位置は左右でわずかに前後する。

（T-64は例外で、トーションバーが車体中央までしかなく左右対称の構造となっている）

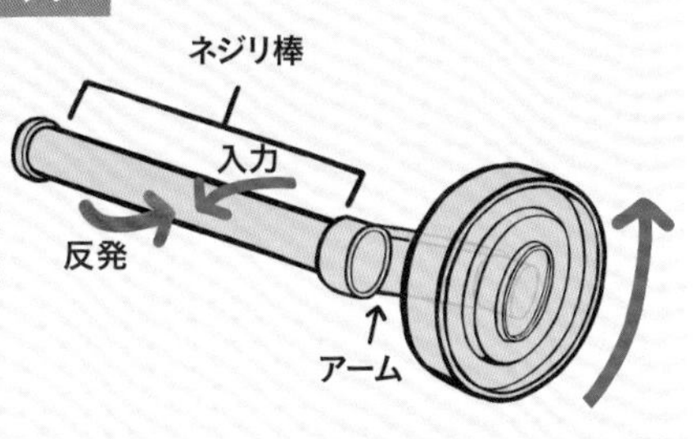

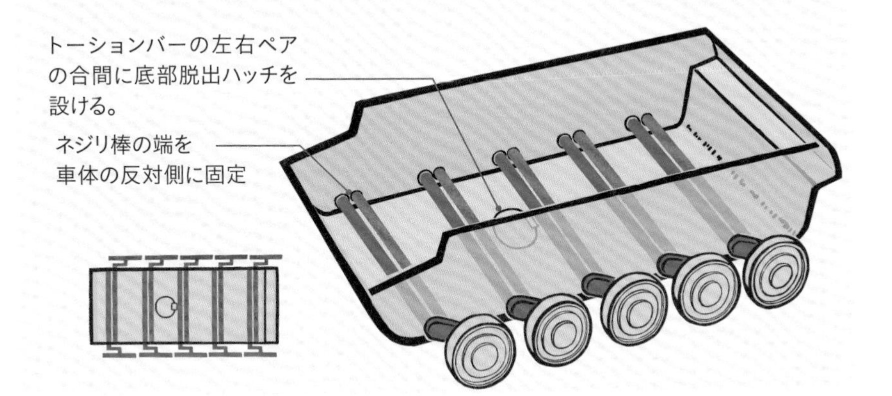

■転輪と懸架装置

履帯へと荷重を伝える車輪を「転輪（road wheel）」と言い、通常の車輌のように懸架装置（サスペンション）で車体に取り付けられている。懸架装置は車輪（転輪）を確実に路面（履帯）に接触させるための、アームとバネと減衰装置（ダンパー）から成る。主にこのバネの形式から「〇〇式サスペンション（〇〇にはバネの形式が入る）」というふうに呼ばれる。

昔は戦車にも乗用車のようなコイルスプリング式サスペンションや、トラックのような板バネ式サスペンションが使われていたが、結局はほとんどがトーションバー式サスペンションとなった。「トーションバー（torsion bar）」とはネジリ棒のことで、金属の棒を捻じると元に戻ろうとする性質を利用してバネにしている。このトーションバーは、戦車の場合は水平横向きに、車体の底部に収納されている。

履帯を「敷設して回収」するために、転輪以外にも車輪がついている。履帯を回転させるのが「起動輪（sprocket wheel）」で、これこそが戦車の駆動力を担っており、エンジンやトランスミッションに直結して、その動力を伝えている。起動輪と前後に逆の位置にあり、履帯が外れないよう、その張り具合を調整しているのが「誘導輪（idler wheel）」（もしくは遊動輪）で、その調整のために軸位置を変えられるようになっている。転輪の上にあって、起動輪から誘導輪へとスムーズに履帯を送るガイドとなるのが、「上部支持輪（return rollers）」（もしくは上部転輪）である。なお、上部支持輪のない車輌も多い。

■走行装置の配置

一般的な戦車の構造は、装甲で覆われた車体を、上記の各輪と履帯を含む走行装置が挟み込むようになっており、その走行装置は車体の全長にわたっている。車体の前部には操縦席が置かれ、中央の戦闘室を挟んで、後部にエンジンとトランスミッションが配置されている。昔は、エンジンを車体後部に、トランスミッション（と起動輪）を車体前部に配置した戦車もあったが、これは両者を繋ぐプロペラシャフトを車体中央に通す必要があり、車高が高くなってしまうことから、両者を車体後部にまとめるのが基本となった。ただし、戦車以外の車輌では、今でもさまざまな配置がある。

なお、現代戦車ではエンジンとトランスミッションを一体化して「パワーパック」と呼び、整備の際にはこれを丸ごと交換する。

戦車の走行装置

履帯により接地圧を下げることで、重い装軌車輌を軟弱な地面の上で運用できる
（重量がある車輌ほど、履帯幅を広くして接地面を広げ、接地圧を下げる）。

転輪とそのほかの車輪

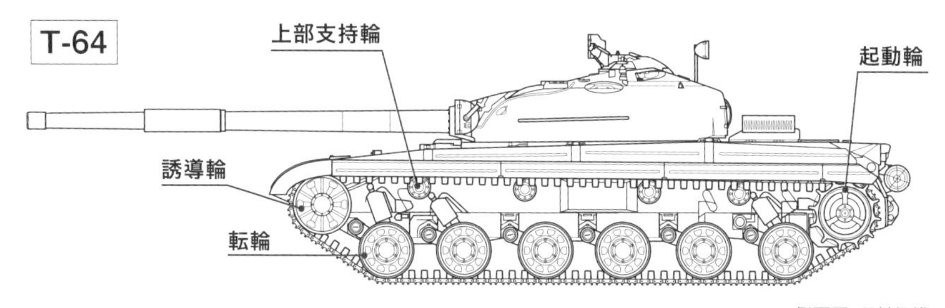

T-64側面図：田村紀雄

現代戦車の車内構造とエンジン配置

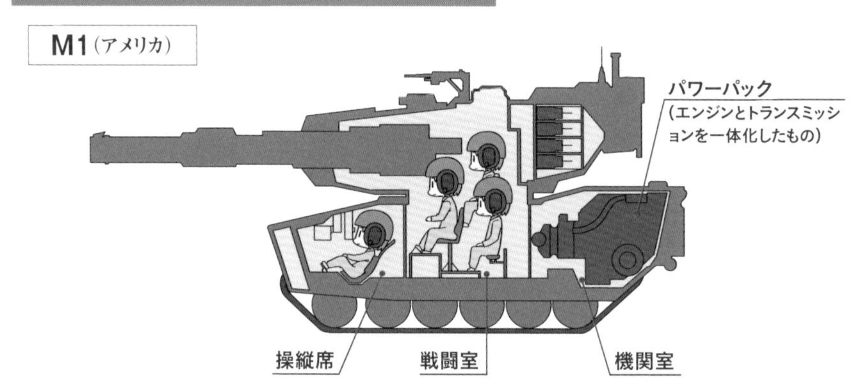

1-3 攻 ── 戦車の砲

■装弾筒付翼安定徹甲（APFSDS）弾

戦車の砲は、さまざまな目標に対して使われることが前提であるが、やはり敵戦車の主装甲を打ち破ることを第一に考えて開発されている。そのため、数kmの短距離で光学的に直視できる位置に直射する砲が基本となる（対して、榴弾砲や艦載砲は山なりの弾道を描く曲射火器である）。そして、火薬を用いた砲としては極めて高速であることも特徴である。

装甲を破ることを第一とする場合、砲弾は運動エネルギーを大きくするために、"重く、速い"ことが必要となる。それを追求した結果、戦車砲弾（徹甲弾）は針のように細長い形状となっている。

たとえば、NATO標準のDM53弾は長さ745mmに対して、直径は23mmという細長さである。もちろん、このままでは砲身のなかがスカスカとなるので、細長い砲弾本体（弾芯）に砲身内径ピッタリの装弾筒（sabot）を取り付け発射する。装弾筒は、砲身から飛び出すとすぐに外れ、砲弾本体だけが目標に向けて飛んでいく。このような砲弾を「装弾筒付翼安定徹甲（Armor-Piercing Fin-Stabilized Discarding Sabot、APFSDS）弾」と呼ぶ。針のような形状なので空気抵抗が少なく、目標に激突する際の存速［※3］でも1,700m/s（マッハ5）にも達する。

さて、榴弾砲などの砲身には、その内面に「腔旋（こうせん）（ライフリング）」と呼ばれる螺旋状の溝が彫られ、砲弾に回転を与えることで弾道を安定させる。かつては戦車砲も腔旋が彫られた「ライフル砲」を用いていたが、針のように細長い現代の砲弾に回転を与えると逆に不安定となるので、回転なしで射出させる。たとえば、球技で使う球は野球でもフットボールでも、弾道を安定させるために回転を加えて投げるが、細長いダーツの矢は回転させずに投げるのと同じだ。回転させないため、内面が平坦で滑らかになっている砲を「滑腔砲（かっこうほう）」と呼ぶ。

ダーツは「矢」と表現される通り、回転させず安定させるため翼が付けられている。これこそAPFSDS弾の「FS」──「Fin-Stabilized」の意味である。そして、砲弾本体から翼や先端のキャップを除いた、装甲を破るための"芯"を「侵徹体」と呼ぶ。

※3：存速とは、飛翔する砲弾のある地点における速度のこと。

装弾筒付翼安定徹甲(APFSDS)弾

運動エネルギー　質量　速度

$$K = \frac{1}{2} m v^2$$

砲弾の運動エネルギーを高めるには
“重く・速い”ことが重要。それを追求
し、針のように細長い形状となった

以下は西側の代表的なAPFSDS弾。改良により、どんどん細長くなっている。

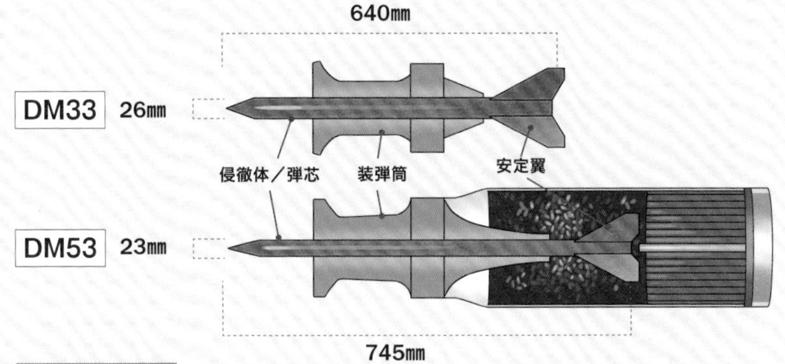

砲腔の内側

以前は、弾道を安定させる目的で砲弾に回転を与えるため「腔旋(ライフリング)」が彫られた「ライフル砲」を用いていた(写真左、Strv.103の主砲)。しかし、現代の細長いAPFSDS弾は、回転を与えると逆に不安定となるため、内面が平滑な「滑腔砲」を用いる(写真右、10式戦車の主砲)。

■ユゴニオ弾性限界

細長い現代の戦車砲弾が装甲を侵徹するメカニズムは、以前の太く丸っこい砲弾による装甲の貫通とは全く異なる。これを理解するには、物質を構成する原子同士の結合について理解する必要がある。

原子同士（あるいは分子同士）が結合していない状態が液体、結合している状態が固体であることは、皆さんご存じと思う。この結合は“バネ”のようなものをイメージしていただきたい。そのため、あらゆる固体には弾性がある。ところが、あまりに強い圧力を受けると、このバネは切れてしまう。そしてバネが切れた状態では、物質はまるで液体のように振る舞うようになるのである。

この「バネが切れる限界」は物質によって異なり、この値を「ユゴニオ弾性限界」と言う。現代の戦車砲弾は超高速のうえ、極端に細い（断面積が小さい）ため、着弾の際に敵戦車の装甲はこの限界圧力に達する。すると、装甲のうち砲弾の先端が接する部分は液体のようになり、侵徹体の侵徹とともに後方に掻き出されていき、結果として装甲に穴が穿たれていくのである。

当然ながら、侵徹体の側もこの限界に達して液状化していくので、どんどん消耗して短くなっていく。侵徹体が消耗しきるまでに装甲に穿つことができた穴の深さが、その砲弾の侵徹長（装甲を貫くことができる長さ）となる。つまり「砲弾が先に無くなるか」vs「装甲が先に無くなるか（貫通されるか）」の勝負であり、砲弾（侵徹体）は長ければ長いほど良いことになる。

また、この針のような形状で充分な質量（質量の大小は、運動エネルギーや圧力に直結する）を確保するために、侵徹体は比重の大きいものが選ばれる。しかし、単純に比重だけが性能を決めるのではなく、液状化したあとの振る舞いなども影響するので、やや複雑である。

侵徹体として最高性能のものはタンタル合金であるが、タンタルは非常に高価な材料で砲弾のように使い捨てにするものには使えない。そのためタングステン合金（日本、ドイツ）や、ウラン合金（ロシア、アメリカ）が使われている。

装甲を貫くメカニズム①
――ユゴニオ弾性限界

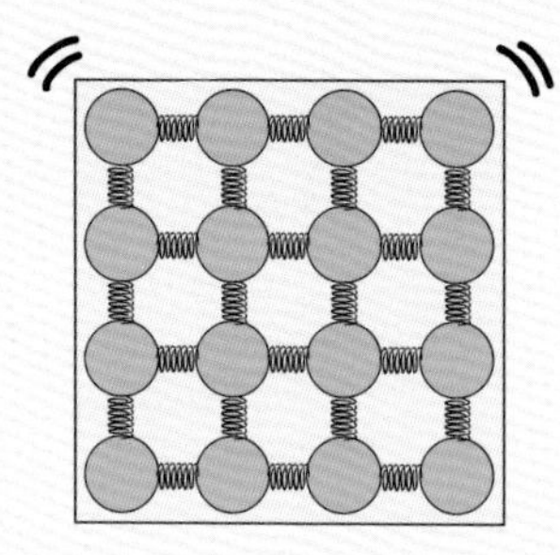

原子同士が結合した状態が「固体」。この結合は、バネのようなもので、あらゆる固体には弾性がある。

強い圧力を受けると、バネが切れてしまい、まるで液体のように振る舞う！

バネが切れる限界を
ユゴニオ弾性限界という。
物質によって、限界値は異なる。

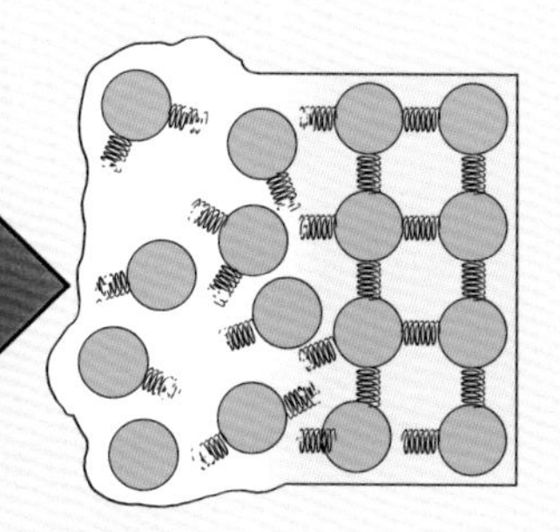

APFSDS弾もHEAT弾も、ユゴニオ弾性限界を超える圧力を加えることで敵の装甲に穴を穿つ

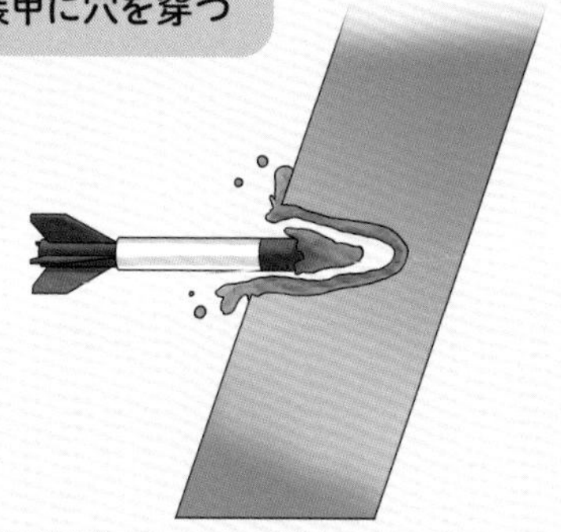

装甲だけでなく、APFSDS弾の弾体（侵徹体）もユゴニオ弾性限界に達して先端から液状化して消耗されていく。つまり「砲弾が無くなるか、その前に装甲を貫通するか」の勝負なのだ。そのためAPFSDS弾の弾体は、「より長いもの」が開発されている。

装甲を貫くメカニズム②
――モンロー効果

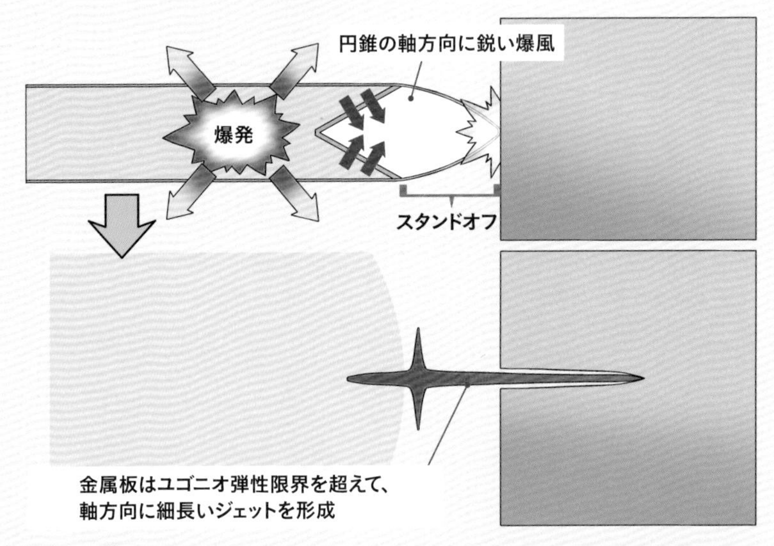

爆薬の塊に円錐状のくぼみを作っておくと、円錐の軸方向に絞られた鋭い爆風となる(モンロー効果)。円錐状のくぼみに薄い金属を張っておくと、爆風の圧力でユゴニオ弾性限界を超えて液体のように振る舞い、軸方向に細長く針のようなジェットを瞬間的に形成する。この効果を利用したものがHEAT弾である。

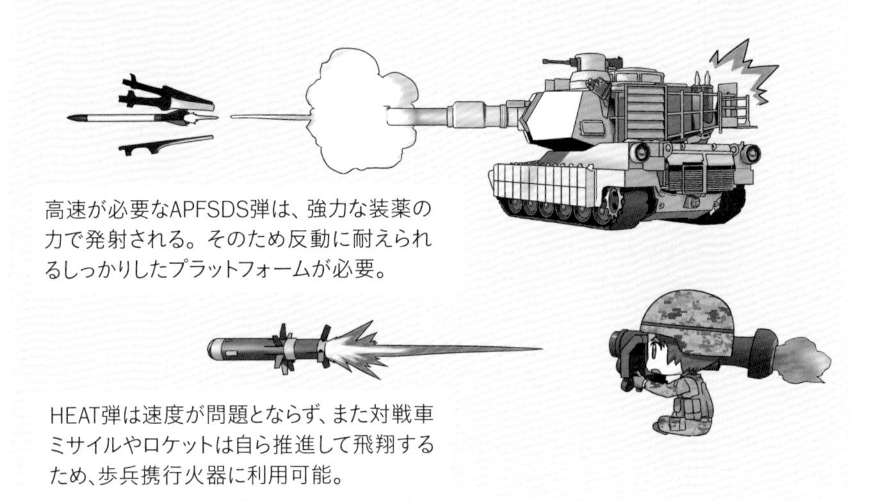

高速が必要なAPFSDS弾は、強力な装薬の力で発射される。そのため反動に耐えられるしっかりしたプラットフォームが必要。

HEAT弾は速度が問題とならず、また対戦車ミサイルやロケットは自ら推進して飛翔するため、歩兵携行火器に利用可能。

■高爆発性対戦車（HEAT）弾

この侵徹体を砲弾として打ち出すのではなく、「着弾の瞬間に作り出す」方法もある。成形炸薬弾である。これはAPFSDS弾より古い歴史を持ち、第2次世界大戦期には既に実戦使用されていた。

爆薬の塊を爆発させると、爆風は全方向に飛び散る――しかし、この塊のどこかに円錐状のくぼみを作っておくと、その方向が円錐の軸方向に絞られた鋭い爆風となる（これをモンロー効果と言う）。そして、この円錐状のくぼみに薄い金属を張っておくと、その金属が爆薬の圧力でユゴニオ弾性限界を超えて液体のように振る舞い、軸方向にジェット（噴流）となって、APFSDS弾のような“針”が瞬間的に形成される（これをノイマン効果と言う）。

この効果を利用した対戦車砲弾は、とくに「高爆発性対戦車（High-Explosive Anti-Tank、HEAT）弾」と呼ばれる。慣用的に「化学エネルギー（CE）弾」と言われるため、化学反応で侵徹するかのように誤解している人もいるが、これは名付け方が不適切なのであって、実際にはジェットの運動エネルギーで侵徹するのである。なお、このジェットによる砲弾は、一瞬だけ形成されるものであるため、爆薬が起爆した位置から装甲までの有効な距離というものが決まっており、その距離を超えると急激に効果が薄れる。この距離を「スタンドオフ」と呼ぶ。

また、成形炸薬弾は爆薬によってその場で“針”を形成するため、元の砲弾そのものの速度は問題とならない。ちゃんと目標に命中させられるなら、止まっていてもよいくらいである。そのため、戦車砲弾のような高速を発揮できる兵器だけでなく歩兵の携行兵器としても使うことが可能で、戦車にとって恐るべき兵器となった。有名なソヴィエト製の携行対戦車兵器「РПГ［*RPG*］」も、この技術を利用している。しかし、後述する複合装甲の誕生や、スタンドオフを狂わせる防護方法が確立したことで、戦車にとって成形炸薬弾の脅威は低下しており、“もっとも恐ろしい砲弾”の座はAPFSDS弾が占めている。

射撃するT-72B（写真：Ministry of Defence of the Russian Federation）

■射撃統制システム

このように強力な砲弾でも、命中してはじめて真価を発揮するのであって、「当たらなければどうということはない」。したがって、戦車には「砲弾を当てるための機能」も備わっており、こちらも登場以来着実に進化してきた。現代戦車でもっとも恐るべきは、この機能である。

本書を手にされる方々の中には、サバイバルゲームをされる方も多いだろう。また、海外に行って実銃を射撃した経験のある方もいることだろう。そのときのことを思い浮かべて欲しい。

まず、銃身（砲身）を正確に目標に合わせる必要がある。そのために照準器が必要だ。照準を合わせても、弾は光のようには直進してくれない。弾には重量があるので、地球の重力に引かれて落ちていく。どれだけ落ちるかは距離によるので、距離を知る必要がある。目測ならば目標の本来の大きさと見え方の違いからだいたいの距離を割り出すが、現代にはレーザー距離計という便利な機器があって、きわめて正確に目標までの距離を測ることができる。

その距離に合わせて目標に達するまでに弾が落ちる分を考慮して撃ったとして、次はその間に目標が移動してしまっている問題がある。そのため、目標までの距離から到達時間を割り出してその間に目標が移動するであろう距離を推定し、その分「未来の移動先」に向けて撃つ。それで当たるかと思いきや、今度は風が弾を流してしまう。そこで現代戦車には風速計も備わっている。

こういったさまざまな要素を、これらの機器で測定し、それを計算に入れて命中するように発射方向を決めるのは至難の業だが、現代では弾道コンピューターが一瞬でその「答え」を出してくれる。その「答え」に合わせて砲身を「当たるべき」発射方向に自動的に向けてくれるのが「砲制御装置（Gun Control System、GCS）」だ。

しかし、まだ課題はある。射撃する自分自身がフラフラしてちゃんと銃を構えていないと、せっかくの計算が台無しである。そこで、現代戦車では、砲身を狙った発射方向にきちんと向け続ける「砲安定装置（Gun Stabilizer）」がGCSに組み込まれている。現代戦車では、高速走行中ですら、車体の揺れを補正するように自動的に砲身を動かし、狙った射撃方向に向け続けるような優れた安定装置がついているため、行進間射撃でも高い命中率を達成している。みなさんが走りながら銃を射撃することを考えると、これがいかに高度な技術であるかがおわかりになるだろう。

また、サバイバルゲームであれば天候の悪い日には中止することもできるが、戦場ではそうもいかない。雨天や夜間、砂漠地帯では砂嵐も発生する。これらの環境下で、人間の目と同じ可視光にだけ頼って戦うことはできない。そこで、現代戦車の照準器は、赤外線（熱線）映像も可視光同様に利用できるようになっている。あらゆる物体はその温度に応じた波長の電磁波を発しており、常温付近ではその中心波長が赤外線領域となる。そのため、特に相手を照らす光源などを使わなくとも、相手が勝手に赤外線を放射してくれるのだ。その赤外線を映像化し、照準に使うのである。こうしていかなる環境下でも高い戦闘能力を維持している。

以上の各機器をまとめ上げて、「砲弾を当てるようにする」機構、それが「射撃統制システム（Fire Control System、FCS）」である。このFCSは、戦車砲に限らず、それ以外の火砲や、機銃、ミサイルなどを制御するシステムに広く使われる用語だ。日本では面白いことに、同じFCSに、海上自衛隊では「射撃指揮システム」、航空自衛隊では「火器管制システム」の訳語をそれぞれ充てている。現代戦車では、2～3kmといった平均的な交戦距離でも、初弾命中率が9割を超えると言われている。これがあるために、仮に第2次世界大戦期のもっとも強力な戦車が現代戦車に挑んでも、はるか前方で瞬殺されることは間違いない。

1-4 守──戦車の装甲

■硬さとは「結合の強さ」

戦車砲弾の侵徹の原理が「原子同士の結合が切れるかどうか」であるならば、「強い装甲には“強い結合”の物質を使えばよい」と多くの人は考えるだろう。原子間の結合でもっとも強いのは「共有結合」で、たとえばダイヤモンドが代表例だ。その次に強いのが「イオン結合」で、セラミック［※4］がこれにあたる。金属（金属結合）は、イオン結合の次である。

金属と言えば“硬い”というイメージを持っている人も多いと思うが、セラミックなどに比べると、ずいぶんと柔らかい。先述した「ユゴニオ弾性限界」で言うと、鋼で1GPa程度なのに対して、セラミックは種類にもよるが10～20GPaもある。

■複合装甲──“硬さ”と“しなやかさ”の組み合わせ

鋼は、鉄に炭素を少量混ぜたもので、さまざまな構造材でもっとも基本となる素材であり、軍艦や戦車など近代兵器の装甲に多用されてきた。鋼は非常におもしろい金属で、炭素の含有量によってその強度が何倍も変わってくる。また、含有量だけでなく鉄との結合のさせ方も重要となる。

古くから行われてきた方法として、いったん成形した鋼板に、あとから追加で表面より炭素を含有させる「浸炭（しんたん）」という技術がある。これを施した箇所は、炭化鉄（Fe_3C、セメンタイト）と呼ばれるイオン結合のセラミックとなり、「表面だけが硬

memo　さまざまな素材のユゴニオ弾性限界

鋼	：1.2GPa
タングステン	：3.8GPa
セラミック	：10～20GPa

（GPa＝ギガパスカル）

セラミックが極めて高い！

※4：セラミックとは無機化合物を焼き固めたもので、たとえば陶磁器などもセラミックである。工業的なセラミックとしては、酸化アルミニウム（アルミナ）がもっとも一般的であるが、装甲用としては炭化珪素、窒化珪素、炭化硼素、窒化硼素などが使われている。

複合装甲

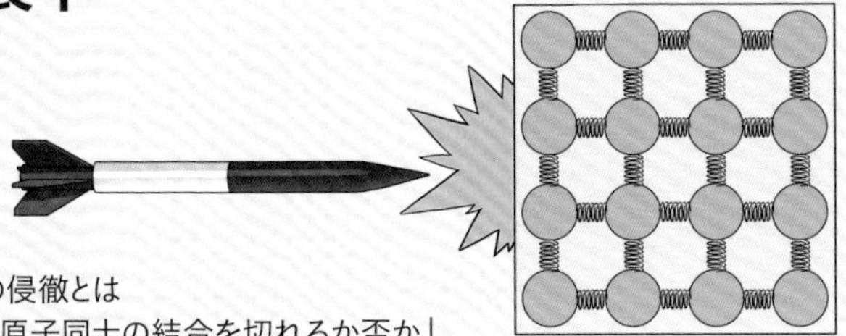

砲弾の侵徹とは
「原子同士の結合を切れるか否か」。
しかし、硬い物質（結合の強い物質）には
脆く、衝撃に弱いという欠点もある……。

結合の強さ

共有結合：ダイヤモンドなど
イオン結合：セラミックなど
金属結合

装甲として用いるには、硬さ（結合の強さ）だけでなく、衝撃を吸収できる“しなやかさ”（靭性）が必要。そこで生まれたのが「複合装甲」。

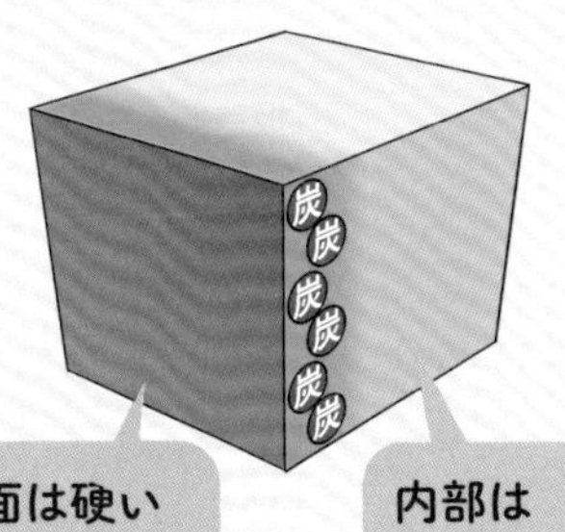

浸炭

かつての戦車や戦艦の装甲に用いられていた。鋼板の表面に炭素を含有させてセラミック化させたもの[a]。硬い表面（イオン結合）と、靭性のある内部（金属結合）を残している。

複合装甲

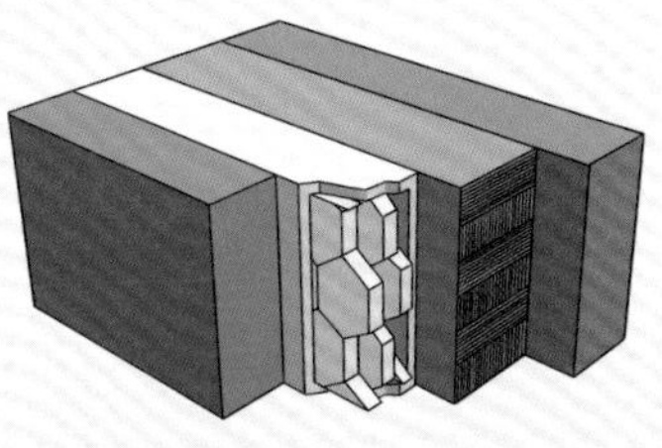

現代戦車の装甲で主流となっている。性質の異なる素材を組み合わせた装甲。さまざまな材料・組み合わせがあるが、現代でもっとも頑丈な装甲はセラミックと鋼の組み合わせ[b]。

a：より詳しく言うと、表面は鉄の炭化物である「セメンタイト（Fe_3C）」となる。
b：複合装甲にはさまざまな構造があり、イラストで示した層状の組み合わせは一例である。

い鋼板」ができ上がる。かつて戦艦や戦車の装甲には、このような表面処理が施されてきた。

ここまで読んで「装甲に硬さが必要なら、表面だけでなく全体をこれにすればいいのでは？」と思われるかもしれない。しかし、この“硬さ”は同時に“脆さ”にも繋がる。つまり、衝撃によって簡単に割れてしまうのだ。世の中には「ダイヤモンドは砕けない」と勘違いしている人もいるそうだが、実際にはダイヤモンドは簡単に砕ける。

つまり、装甲として使うには衝撃に対する強さ、言い換えれば“しなやかさ”も必要で、これを「靭性（じんせい）」と言う。靭性に関しては、セラミックより“柔らかい”金属のほうがずっと優れている。原子の結合の「バネ」が柔らかいほど、よくたわんで衝撃を吸収するからだ。そのため、先述した「表面のみをセラミックにして硬く、それ以外の部分は金属としての靭性を残したままにした」装甲が使われてきたのである。

この考えをハッテンさせると、セラミックと鋼を別々に用意して、これを重ねて装甲にすれば……という発想に行き着く。これが現代戦車の主装甲として主流となっている「複合装甲」である。なお、複合装甲にはさまざまな材料、さまざまな組み合わせがあるが、現代でもっとも頑丈な装甲は、このセラミックと鋼の組み合わせである。

■複合装甲の防御力①――対HEAT弾

もう一度、セラミックの「硬くて脆い」という性質に注目してみよう。砲弾が衝突した際に、その硬さによってミクロ（原子結合サイズ）では液状化することなく侵徹を喰いとめはするが、一方でその脆さによってマクロ（目視サイズ）は割れてしまって装甲の役割を果たさないことになる。割れてしまっては元も子もない。

しかし、ここである面白い事実がある。それは「割れるにも時間がかかる」ということだ。つまり、クラックの伝搬速度が問題になってくるわけで、砲弾の速度がこれよりも遅いと「瞬間的に割れる」のと同じなため“脆さ”の問題になってくるが、これよりも速いと「割れる前に侵徹の現象が起こる」ため“脆さ”は問題とならない。そして、神の悪戯か――セラミックのクラック伝搬速度に対してAPFSDS弾は遅く、HEAT弾のジェットは速いのだ！

まとめると、セラミック装甲はAPFSDS弾に対しては割れてしまうので弱いが、HEAT弾に対しては非常に強い。実際、複合装甲はHEAT弾に対する切り札として登

セラミックの割れる“速度”

APFSDS弾でもHEAT弾でも、装甲が「硬ければ硬いほど」削られにくい（侵徹されにくい）が、硬い物質は衝撃に弱い。衝撃により割れてしまっては装甲の役割を果たせないので、“硬さ”の意味がなくなる。
――だが、割れるにも時間がかかる。それが

「クラックの伝わる時間」だ。

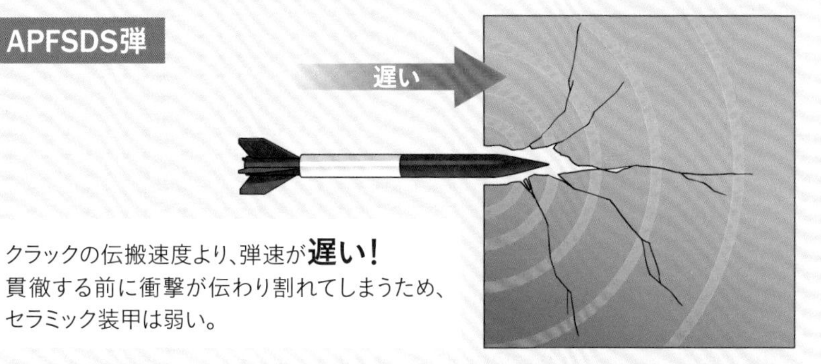

クラックの伝搬速度より、弾速が**遅い！**
貫徹する前に衝撃が伝わり割れてしまうため、セラミック装甲は弱い。

HEAT弾

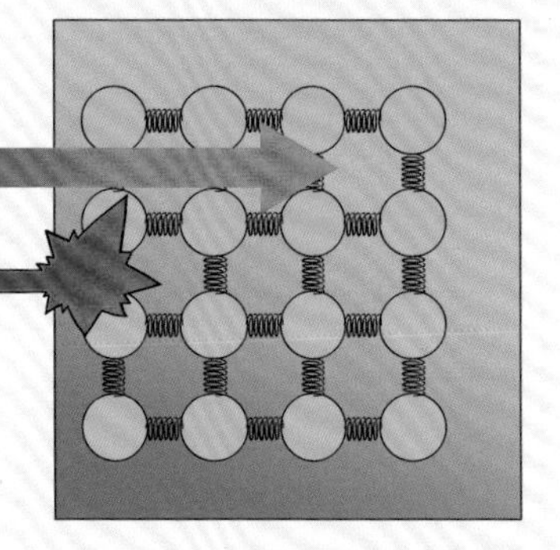

クラックの伝搬速度より、
発生するジェットの速度が**速い！**
衝撃が伝わるより先に貫徹しようとするので、セラミックの“硬さ”が効いて強力な装甲となる。

HEAT弾の速度（ジェットの速度）＞クラックが伝わる速度＞APFSDS弾の速度

結合の強さで阻止される　　貫徹より前に割れてしまう

場した。現代の第一線級戦車の主装甲を、対戦車ミサイルを含むHEAT弾で撃ち抜くことは極めて困難である。

■複合装甲の防御力②——対APFSDS弾

では、セラミックはAPFSDS弾に対して無力かと言うと、ある方法で強くすることができる。それは、セラミックに応力［※5］をかけておくことだ。結合の「バネ」に力を加えることで、割れ難くするのである。具体的には、セラミックの外側に、それよりも内径の小さな金属を嵌めて拘束することで、セラミックに強い力をかけておくのだ。内径の小さな金属を嵌めるには、たとえば、セラミックと金属の温度を上げた状態で嵌めて（この温度ではぴったり嵌るような寸法にしておく）、その後に常温に戻す方法がある。セラミックより金属のほうが膨張率が大きいので、常温に戻すと金属のほうがより収縮し、セラミックに力を加えるわけだ。

この装甲の試験結果については論文でも公開され、APFSDS弾に対して装甲用鋼板の２倍以上の防御力を発揮している。当然ながらHEAT弾にも強いので、万能に近い装甲である。あまり大きくすると中央まで充分な応力がかからないため、小分けにしたセラミック／拘束具のモデュールを、必要な防御部分に並べるように配置する構造がとられている。拘束式のセラミック構造は、T-80（ソ／露）、レオパルト２（独）、90式および10式（日）などに採用されている。

だが、拘束式セラミック構造の装甲には欠点がある。全体に占めるセラミックの面積が小さく、周囲の拘束具の部分にはそれほどの防御力が見込めないということだ。もちろん、構造を多層化し、互い違いにするなどの工夫はあるが、やはり拘束具の部分がデッドスペースになる。

そのため、単純な板状の材質を重ねた複合装甲のほうが、総合的にはよいという見方もできる。湾岸戦争などでその装甲の強さはお墨付きのM1A1HAやM1A2（ともに米）では、鋼板のあいだにセラミックとウラン合金の板を挟み込んでいる。ウラン合金を入れている理由は、その比重である。APFSDS弾の侵徹長は、単純な金属板の装甲の場合、近似的な計算式では、侵徹体の長さに比例し、侵徹体と装甲の比重の比の平方根に比例する。つまり、砲弾側は長く重いほうが有利で、装甲側は重いほうが有利なわけだ。

余談ながら、某戦車アニメ作品では「カーボンで保護されているから、どんな攻撃でも大丈夫」とあるが、カーボンは比重が小さいため、物理学的には正しくない。

※5：応力とは、物質の内部にかかっている力のことである。本書では原子の結合をバネにたとえたが、このバネにかかっている力と考えてよい。

拘束式セラミック装甲

セラミックはAPFSDS弾に弱い ―― しかし強くする方法がある。
セラミックに応力を加え、割れにくくすることで、APFSDS弾に(もちろんHEAT弾にも)強い装甲が生まれた。それが「拘束式セラミック装甲」だ。

金属の枠に嵌めて、セラミックに強い力をかける。セラミックへ充分に力を加えるため、1つ1つは小さな、小分けのモデュールとなっている。このモデュールを必要な部位に並べて使用する。

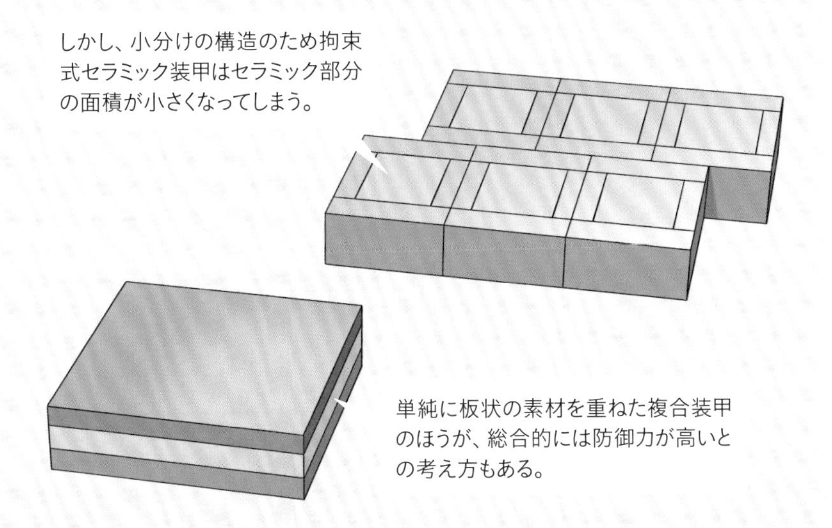

しかし、小分けの構造のため拘束式セラミック装甲はセラミック部分の面積が小さくなってしまう。

単純に板状の素材を重ねた複合装甲のほうが、総合的には防御力が高いとの考え方もある。

■重厚な複合装甲は前面に限られる

M1のウラン合金複合装甲は、複合装甲以前に戦車装甲に用いられてきた均質圧延鋼板[※6]に換算して、APFSDS弾に対して600㎜、HEAT弾に対して1,300㎜に相当する防御力を発揮する。ただし、比重の大きいウラン合金を使っているために重量が増し、M1A2は世界でもっとも重い戦車となっている。

装甲用鋼板に換算して500㎜を超える侵徹長となったAPFSDS弾を防ぐには、かなりの重量を食うのだ。ウラン合金を使用したものは言うに及ばず、セラミックを使用したものでも、その重量は「すべてを鋼板で作る（数百㎜の装甲を持たせる）よりは軽い」程度でしかない。そこで、このような重厚な複合装甲は、砲塔前面と車体前面に限って装備されている。戦車同士の撃ち合いの場合、ほとんどが前面に被弾しているという過去の実戦データに基づいた判断だ。

それ以外の側面・背面・上面・底面は、単純な鋼板か、せいぜい空間装甲（距離を開けて2枚の鋼板を並べたもの）程度になっている。空間装甲は、HEAT弾のスタンドオフを狂わせる効果がある。転輪・履帯の外側にあるスカートも、車体本体とあわせて空間装甲として機能する。

このような構造のため、正面から撃ち合う場合にはあらゆる兵器のなかで最強の防御力を発揮する戦車も、それ以外の方向から攻撃されると歩兵の携行兵器にすらあっけなくやられてしまう場合があるのだ。また、もっとも薄い上面だと、航空機からの機関砲（口径20〜30㎜程度）ですら貫通してしまう。戦車の天敵が航空機である所以だ。

memo 侵徹体（砲弾）と装甲の“比重”

※6：均質圧延鋼板は戦車の装甲として主流の鋼材で、これを用いた装甲を均質圧延装甲（Rolled Homogeneous Armor、RHA）と呼ぶ。貫通力・防御力を示す基準としても用いられている。例えば、砲弾の侵徹力が「RHAで600㎜」と言えば、厚さ600㎜の均質圧延鋼板を貫通することができるということである。

■爆発反応装甲

戦車本体の装甲で防御力が充分でないと判断した場合は、さまざまな増加装甲を追加することになる。ここでは「爆発反応装甲（Explosive Reactive Armour、ERA)」を解説しておこう。

これは弁当箱のようなものを装甲の外側に取り付けるもので、箱の中身は“サンドウィッチ”である。このサンドウィッチは、パンが薄い鋼板、具が爆薬で出来ており、敵弾が着弾したときの熱衝撃によって爆薬が起爆、鋼板を吹き飛ばす。この鋼板が斜めに衝突することでHEAT弾のジェットを“切る”。そのため、鋼板が斜めに衝突するような角度で設置されている。

これは、特に横からの力に弱いHEAT弾に対して有効であるが、APFSDS弾に対しては大きな効果が期待できない。しかし、後述するようにソヴィエト連邦では、ある工夫によってAPFSDS弾にも有効な爆発反応装甲を開発している。なお、反対側の鋼板は車体に激突するので、車体側にもある程度の強度が要求される（戦車であればまず問題ないが、より装甲の薄い装甲車や非装甲の車輌には搭載できない)。

■アクティヴ防護システム

爆発反応装甲が「リアクティヴ（反応的)」アーマーならば、現代には、「アクティヴ（能動的)」な防護装備もある。敵の砲弾や対戦車ミサイル、対戦車擲弾が向かってくるのを座して待つのではなく、着弾前に積極的に迎え撃とうというものだ。ソヴィエト連邦ではこの手の装備が盛んに開発されたため、ERAと合わせて、西側戦車に比べて「ごてごてした」外観の戦車が多い。特に兵器展の展示車輌などには、「全部盛り」にしたりするため、ハリネズミのようにさまざまな「外付け」装備が取り付けられていたりする。尚、ロシア語では「Комплекс Активной Защиты（アクティヴ防護複合体、КАЗ［*KAZ*]）」と言う。

このアクティヴ防護には2種類ある。自分に向かってくる対戦車ミサイルなどを物理的に撃ち落とす「ハード・キル」方式と、自分に照準させないようにする「ソフト・キル」方式である。

◇ハード･キル方式

ハード・キル方式は、レーダーで脅威の接近を探知すると、自車から数ｍの距離で散弾のように大量の重金属の球（あるいは破片）を浴びせて砲弾や対戦車ミサイ

爆発反応装甲

爆発反応装甲を装備したT-64B1KV。砲塔や車体を覆っている小さな箱が爆発反応装甲「コンタクト1」である。（写真：名城犬朗）

ルを撃ち落とす（機関銃弾や小銃弾のような小さな目標は探知しても迎撃しないようになっている）。これらは、システムをオンにしておけば、あとは乗員は何もしなくても自動で作動してくれる。レーダーは砲塔の上の視界のよい高い位置に設置され、球と発射火薬を収めた発射筒は、さまざまな方向に対応できるように少しずつ角度をずらしながら砲塔側面などに多数並べて取り付けられる。アクティヴ防護システムを世界で初めて実用化したのがソヴィエトで、1983年から運用開始された「ドロースト（Дрозд、鳥のつぐみ）」は、当時すでに旧式化していたT-55に搭載されてアフガニスタン紛争に投入された。その運用実績からは、当然と言えば当然だが、近くにいる友軍に結構な「巻き込み」損害が出ることがわかった。それでもその有用性は認められ（戦車の生存率が2倍近くになったという）、改良型「ドロースト2」や、砲身近く以外のほぼ全方向をカヴァーできる「アリェーナ（Арена、競技場）」などを開発した。イスラエルなども同様のシステムを開発している。

◇ソフト･キル方式

これに対してソフト・キル方式では、相手の照準を妨害するのが目的である。本章の射撃統制システムのところで、目標との距離を測定するのにレーザー距離計を使うと述べたが、それ以外にミサイルの誘導でもレーザーは使われることが多い。そこで、敵からレーザーが照射されていることを検知すると、主に2つの方法でこの照射を妨害する。ひとつは､発煙弾を発射して自車を煙で覆ってしまう。もうひとつは、極めて強力な光を浴びせてミサイルのレーザー反射光を受光できなくする。

距離計やミサイルの誘導に使われるレーザーは赤外線領域であることが多いので、前者では煙幕に赤外線にも有効な成分の入ったものを使用したり、後者では赤外線の光源を使ったりする。やはりどちらも自動的に検知･作動をするようになっている。ソヴィエトで開発されたものには「シュトラ（Штора、カーテン）」があり、砲身を挟んで砲塔の正面左右に眼玉のように光源が並んでいるのが特徴的である。

◇両者を統合した「アフガニート」

ソフトとハードの両方を統合したものがロシアで最新の「アフガニート（Афганит、鉱石のアフガナイト）」である。次章で紹介する最新鋭の戦車T-14で標準装備されている。レーダー、赤外線、紫外線の複合センサーで探知した脅威に対して、発煙弾を使った「ソフト・キル」で対処するか、散弾を使った「ハード・キル」で対処するかを自動的に判断する。発煙弾は12連装のものを砲塔上に複数（T-14で2基）

搭載する。散弾の発射筒は、砲塔の最下部に埋め込まれるようにして並んでいる（T-14で10基）。

アクティヴ防護システムは、戦車同士の撃ち合いで役に立つものではないが、前述のように戦車の弱点である側面や背面や上面を狙ってくる対戦車ミサイルなどには効果的で、これにある程度「背後の守りを任せる」ことができれば、乗員は正面の敵に集中できるだろう。また、軽量化が進めば、戦車以外の、重量の制限で装甲を厚くできない車輌などに搭載することも有効だろう。

■避弾経始

最後に「避弾経始」についても触れておく、避弾経始とは装甲に傾斜をつけることで、砲弾を跳弾させることである。誤解している人がいるが、斜めにすることで実質的な厚みを増やすことではない。実質的な厚みが増えても、そのぶん重量も増えるので、最初から装甲を厚くするのと何ら違いはない。あくまでも砲弾が滑る効果を狙ったものである。

しかし、これまで見てきた現代の戦車砲弾（APFSDS弾、HEAT弾）の侵徹のメカニズムでは、跳弾云々は関係ないので、避弾経始の効果は期待できない。そのため現代戦車の主装甲には傾斜をつけない場合もある。それでも傾斜をつけている戦車が多いのは、戦車砲弾以外のさまざまな攻撃にも備えているからである。

memo 避弾経始

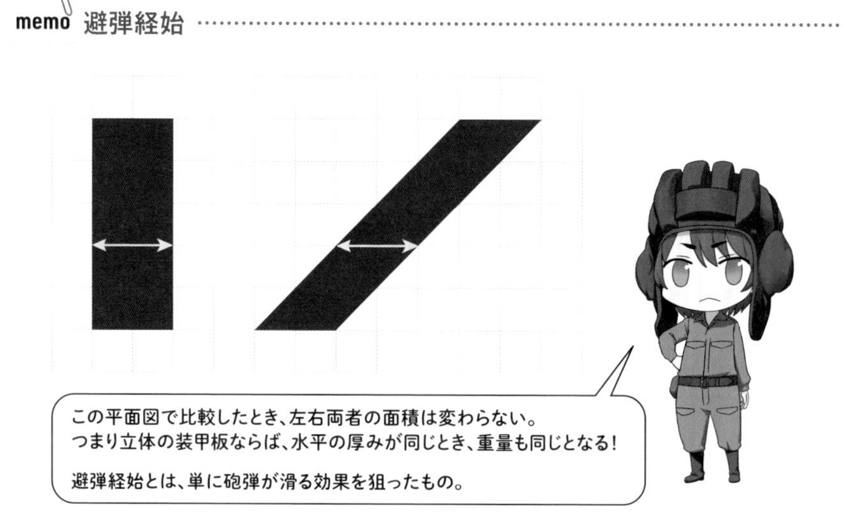

第2章
ソヴィエト／ロシアの戦車

写真：Ministry of Defence of the Russian Federation

“走”重視の戦車開発

それではソヴィエト連邦、そして現代のロシア連邦にいたる戦車の開発と発展について述べていこう。戦車については、その草創期から始めていきたい。なぜなら、戦車は誕生した20世紀初頭から現代まで、切れ目なく連綿とその進化が続けられてきた兵器だからだ。

ソヴィエト連邦では、他の多くの国と同様、第1次世界大戦後に当時の戦車先進国（イギリスやアメリカなど）からさまざまな戦車を導入し、どういった戦車が自国の装備として相応しいかを探った。初期の戦車ラインナップには、豆戦車のようなものから、多数の砲塔を備えた移動要塞のようなものまで百花繚乱といった様相を呈しており、試行錯誤が伺える。しかし、第2次世界大戦という、他に比べるもののない巨大な実戦を経て、ある1種類の系統へと絞られていくことになる。本章では、現代までつづく、その系統についてのみ紹介することとする。

その系統の祖となったのは、アメリカ合衆国の軍人であるジョン＝ウォルター＝クリスティが開発した「クリスティ式戦車」だった。のちに世界一の「戦車帝国」となるソヴィエトの戦車の元祖が、アメリカの、しかも本国では採用されなかった戦車であることは実に皮肉である。クリスティ式戦車の最大の特徴は、走・攻・守の要素のうち、“走”に重きを置いたことで、これを取り入れたことが現在に繋がるソヴィエト主力戦車の方向性を決定づけた。

天然の要害に乏しく、地平線の向こうまで広がる大平原という土地柄も、これにとてもマッチしていた。やや先の話になるが、第2次世界大戦では同じく“走”重視だったドイツ戦車と、他の戦線とは比較にならぬほどの大戦車戦を繰り広げ、結果的に戦後世界では“走”重視の「中戦車」が「主力戦車（Main Battle Tank、MBT）」に発展し世界的な主流となっていく。

クリスティ戦車をもとにソヴィエトが開発したBT。戦車大国ソヴィエトの第一歩となった戦車（写真：マガタマ）

2-1 大祖国戦争までの戦車

■現代戦車の祖とも言えるBT

クリスティ戦車をもとに、ソヴィエトで開発されたのが「БТ［*BT*］」である。「БТ」とは「快速戦車（Быстроходный Танк）」の略語だ。つまり、一部の日本の文献に見られる「BT戦車」なる表記は「快速戦車・戦車」となるため、不適切である。

BTの特徴は、やはりその走行装置にある。大直径転輪で上部支持輪がないことが外観上の特徴で、このスタイルは戦後のT-62まで受け継がれている。BTがこうした転輪配置となったのはクリスティ式の走行装置を採用したためだ。クリスティ式は、サスペンションのコイルスプリング式バネを、二重になった車体側面の内側に埋め込むようにして鉛直に立てて配置しているため、上部支持輪が取り付けられなかった。しかし、サスペンションがトーションバー式（車体底面に横置きに配置）となったT-44以降も、転輪の配置はそのままとなっている（前述のとおりT-62まで続いた）。

また、BT独自の特徴が、履帯を外した状態でも走行できることだ。この場合、最後部の転輪をチェインで起動輪と結合して駆動輪とし、最前部の転輪を操舵して方向転換する。この転舵可能な転輪は、クリスティ式サスペンションであればこそ可能な機構である。

BTには、BT-2、BT-5、BT-7などのヴァリエイションがあるが、なかでも特筆すべきは最終型のBT-7Mである。このタイプには初めてディーゼルエンジンが搭載された。エンジンは、スペインの自動車メイカーであるイスパノ・スイザが開発した航空機用ガソリンエンジンをディーゼル化したものだが、エンジンブロックがアルミニウム合金製で、極めて優れたエンジンだった［※1］。のちにこのエンジンを改良した「В-2［*V-2*］」エンジンはT-34に採用され、ソヴィエト連邦の、ひいては世界の戦車用エンジンの潮流を決めた。そして、この偉大なエンジンは改良を重ね、現在でもロシア戦車のエンジンとして使われているのである。

■走・攻・守のバランスに優れたT-34

1937年、このBTを製造していたハリコフ（ハルキウ）機関車工場（第183工場）の設計局（OKB-520）の主任設計士に、ミハイル＝イリイチ＝コーシュキンが着任した。彼はBTの後継戦車の開発に着手したが、その過程で発生した日ソの衝突、ハルハ河の戦い（1939年、日本側名称：ノモンハン事件）の戦訓を得て、新型戦

※1：アルミニウム合金は鉄より軽量なだけでなく、熱伝導率がはるかに高いため、冷却性能にも優れている。

クリスティー・サスペンションとBT／T-34

下図は、クリスティー・サスペンションの特許画像（着色と矢印は作画担当者による）。細部は異なるがBTとおおむね同様となっている。T-34は転輪走行の機能が省略され、サスペンションのコイルスプリングもより長いものを前後に傾けて配置することで緩衝能力を向上させている。

画像出典：Christie Walter「Suspension for vehicles」US1836446A（1928）より。

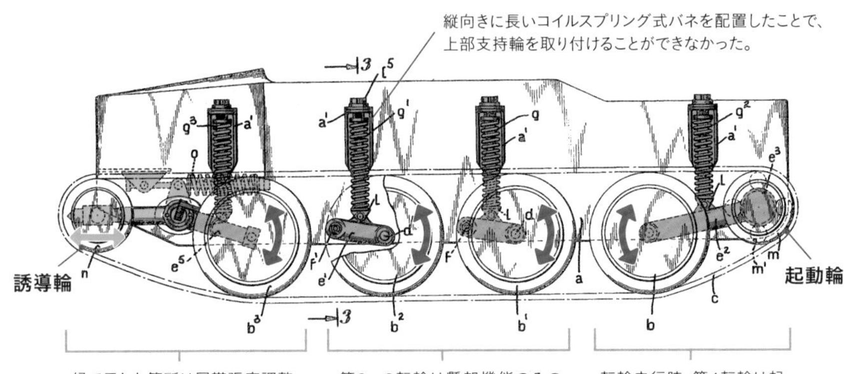

クリスティー・サスペンションはソ連傑作戦車を支えた技術だ！

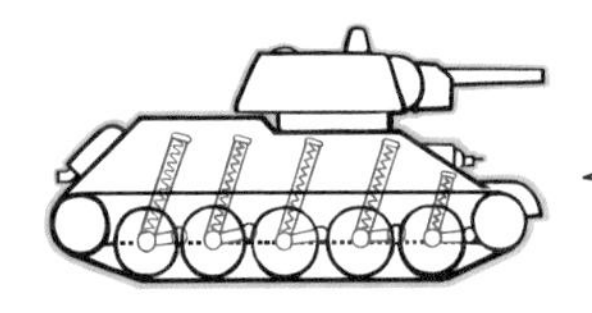

T-34も、転輪走行機構こそ省略されているが、懸架装置は似たものになっている。

車の装甲をBTより強化する。また、試作の最終段階では76㎜対戦車砲を搭載、対戦車戦闘能力を向上させた。こうして「走・攻・守」のバランスに優れた戦車が完成した。「T-34［*T-34*］」の誕生である。

T-34は、BTよりクリスティ式サスペンションと、V2ディーゼルエンジンのリア配置・リア駆動などを受け継ぎ“完成”した。特に後者は、現在にいたるまで世界の戦車の標準的な構造となっている。

T-34はあらゆる面で優れた戦車だが、どれかひとつ“一番”を決めろと言われれば、やはり「走」の性能である。76㎜戦車砲や、傾斜させた厚い装甲は、大祖国戦争開戦初頭には敵であるドイツ軍を驚かせたが、同戦争中に各国の戦車が進化した結果、特筆すべき能力とは言えなくなっている。しかし、54㎞/hの速度と、400㎞の航続距離は、Ⅳ号戦車（独）やM4（米）の能力（速度40㎞/h、航続距離200㎞）を大きく上回っていた。この高い走行性能を象徴するエピソードとして、1940年3月にコーシュキン自ら、ハリコフからモスクワのクレムリンまで往復するという走行試験を行ったことが挙げられる。

T-34（写真：マガタマ）

なお、クレムリンでスターリンにその姿をお披露目したT-34はすぐに量産が決定されたが、量産車輌の初号機が完成して間もなく、コーシュキンは激務が祟って帰らぬ人となる。彼が主任設計士として完成させた戦車は、T-34たった1車種となってしまったわけだが、それは戦車史上でもっとも偉大な一台だったと言えるだろう。

T-34は、ハリコフ機関車工場はじめ疎開先を含めて7つの工場で生産され、ソヴィエトが大祖国戦争を勝ち抜いたもっとも大きな原動力となった。さらに戦後は国外でライセンス生産も行われ、その総生産数は84,070輌にのぼった。

■T-34の発展とそのほかの戦車開発

T-34にはいくつかのヴァリエイションがあるが、もっとも重要なものが「T-34-85［*T-34-85*］」だ。もともと、重武装・重装甲化していくドイツ戦車に対抗するため、T-34を改良した試作戦車「T-43［*T-43*］」というモデルがあった。T-34をもとに砲塔・車体とも改良された戦車だったが、ここから砲塔だけを持ってきて、T-34の車体に載せたのがT-34-85である。また、このとき戦車砲は口径85㎜に強化された（T-43は76㎜砲搭載）。

主砲の大口径化も重要だが、もっとも大きな進歩は砲塔が3人乗りになったことだろう。T-34のほとんど唯一とも言える欠点が、2人乗り砲塔だった。この人員配置では、車長が装填手を兼任しなければならないため、指揮や警戒に支障があった。これが改善され、戦闘力は大幅に向上した。

また、T-34-85と並行して、車体からまったく新しい設計となった新型戦車も開発されている。これが「T-44［*T-44*］」である。砲塔はT-43（T-34-85）のものであったが、車体はT-34から履帯より上の部分を削り取ったような低いシルエットとなっている。サスペンションはトーションバー式［※2］となり、V-2の改良型である「B-44［*V-44*］」エンジンを横置き配置にすることで機関室をコンパクト化するなど、以降のソヴィエト戦車の標準となる設計が採用された。

T-44は、1944年に制式採用されたものの、大祖国戦争の真っただ中であったためにT-34の生産が優先され、生産数は1,823輌に止まる。

※2：トーションバー式サスペンションは、T-43でも採用されている。

T-44は、T-34の車体上部をカットしたような背の低いシルエット。小さく思われがちなT-34だが、戦後戦車と比較するとデカい。

砲塔形状の異なる初期モデル(T-54-1、T-54-2)を経て、特徴的なお椀型シルエットの砲塔を備えたT-54(T-54-3)が生まれた。イラストは主砲が換装された、いわゆるT-54Aと呼ばれるモデル。

2-2 戦後世代戦車の登場

■戦後の世界的ベストセラー T-54

大祖国戦争が終結しても、T-44は大量生産されなかった。大祖国戦争末期にはドイツやアメリカで、より強力な砲と強固な装甲を備えた戦車が登場したため、85㎜砲では攻撃力として充分と言えなくなったからだ。そこで、T-44の車体に100㎜砲を搭載した新型戦車が開発される。それが「T-54［*T-54*］」だ。

ここまで「T-34の砲塔を新型にしたT-34-85」、「T-34-85の車体を新型にしたT-44」と、砲塔と車体を交互に開発し、着実な進化を遂げてきたが、T-54もまた「T-44の砲塔を新型にした」ものだった。T-54の採用とほぼ同時期（1940年代中～後半）に始まった冷戦の影響を受けて、国内生産35,000輌、国外でのライセンス生産を含めると合計50,700輌とT-34に次ぐ生産台数を誇り、運用国数も60カ国におよぶ。

■T-54に放射線防護を加えたT-55

第2次世界大戦末期に誕生した核兵器は、戦後には複数の国が保有するようになり、また小型化などの改良によって、戦場において“戦術兵器”として利用される可能性が高まった。そうなれば、通常兵器にも核戦争下での運用能力が求められる。つまり、放射線からの防護能力である。

戦車はもともと鉄の塊であるため、どの兵器よりも放射線の遮蔽能力が高い（ただし、耐中性子用の遮蔽体は追加する必要があった）。あとは気密化によって車内に放射性物質の侵入を防ぐだけである。T-54に、こうした耐放射線装備を加えたものが「T-55［*T-55*］」である。

気密と言っても完全にはできないため、内部の圧力を大気圧より少し高くすることで、外気が入り難くしている。また、乗員が酸欠にならないよう換気は必要なため、吸気口に放射性物質を取り除くフィルターが装備された。これは「対原子力防御システム（Система ПротивоАтомной Зашитуй、ПАЗ［*PAZ*］システム）」と呼ばれ、同様の装置はいまや世界の戦車の標準装備となっている。

T-55は、国内生産27,500輌、国外でのライセンス生産を含め合計42,800輌が生産された。T-54とあわせて世界中に拡散された戦車であり、「登場しなかった戦争はない」と言われるくらい実戦で活用されている（現在でも地域紛争などで頻繁に姿を見ることができる）。

■世界初の滑腔砲搭載戦車 T-62

T-34／T-44／T-54と、ハリコフ機関車工場とそこから疎開した設計陣が戦中から戦後まもなくの主力戦車開発を主導してきた。その疎開によって戦車製造を始めたウラル車輛工場の設計局（OKB-520の名前を引き継いだ）が、戦後に開発したのが「T-62［Т-62］」である。

車体、エンジン、砲塔など、T-55を継承する正統派戦車であったが、画期的だったのは世界で初めて滑腔砲を搭載したことだ。これは西側諸国に比べて18年早い［※3］。もともとT-62には100㎜ライフル砲D-54が搭載される予定だった。これはT-55の100㎜砲より強力ではあったが、それでも新型のアメリカ戦車に対抗するには充分とは思われていなかった。時を同じくして、ソヴィエトでは世界初の滑腔砲（2A19）を搭載した牽引式対戦車砲T-12が開発されていた（口径100㎜、制式採用1955年）。その威力を高く評価した政府首脳は、T-62にもこれを搭載するよう提案する。しかし、2A19の砲弾は狭い戦車車内で装填するには長すぎ、また現場からは、その巨大なマズルブレーキが戦車に搭載するには相応しくないとの指摘も受けた。こうした経緯から、T-62には専用の滑腔砲が開発されることとなり、完成したのが115㎜口径滑腔砲2A20（U-5TS）だ。

面白いことに2A20は、D-54の腔旋（ライフリング）部分を削り取るかたちで設計された。口径は一回り大きい115㎜となった。これにより同世代の西側戦車の標準であった105㎜戦車砲（ライフル砲）L7と同等の貫徹力を獲得している。

T-62は国外生産を含め22,700輌生産され、中東諸国などに輸出されている。

T-62は、世界で初めて滑腔砲を装備した戦車となった。115㎜滑腔砲2A20である（写真：マガタマ）

※3：西側最初の滑腔砲搭載戦車は西ドイツ（当時）のレオパルト2であり、1979年配備。

2-3 新世代戦車

■「走・攻・守」で当時世界最高の技術を投入したT-64

ここまでの戦車は、BT以来の進化の系譜に連なるものであるが、ここでまったく新しい設計の戦車がハリコフで開発される。それが「T-64［*T-64*］」である。T-64は“新世代の主力戦車”と呼ぶに相応しく、「走・攻・守」すべてにわたって画期的な技術が取り入れられた。

◇「守」—— 複合装甲の採用

「守」では、世界で初めて複合装甲が採用された。これは西側戦車よりも13年も早い［※4］。この当時の戦車は、砲塔を鋳造で製造するものが多く、そのためセラミック板などを仕込みにくい。T-64では、鋳造の際に空間を空けておき、そこに多数のセラミック球をポリウレタン樹脂で固めたものを入れる方式を用いた。この装甲はHEAT弾に対して有効で、装甲用鋼板（RHA）に換算して450㎜に相当する防御力を有した［※5］。ただし、セラミック球装甲は製造に手間がかかるため、のちにこの空間を単にアルミニウム合金で埋めるだけに変更された。

また、車体には砲塔とは異なる複合装甲 —— 酸化珪素グラスファイバーを鋼板で挟み込んだ装甲が採用され、こちらはHEAT弾に対して380㎜相当の防御力を発揮したという。

のちに、発展型である「T-64БВ［*T-64BV*］」では、ソヴィエト製爆発反応装甲の第一世代である「コンタクト（контакт）」を装備し、防御力を向上させた。なお、形式番号の「В［V］」は、爆発反応装甲付きという意味である。

◇「攻」—— 125㎜砲と自動装填装置

初期モデルのT-64ではT-62と同じ115㎜滑腔砲を採用していたが、最初の改良型である「T-64A［*T-64A*］」からは125㎜滑腔砲（2A26、1979年生産型以降は2A46）となった。125㎜口径は、現在にいたるも制式採用戦車としては世界最大口径である。

また、「6ЭЦ10［*6ETs10*］」（通称「корзина（コルジナ、籠）」）という自動装填装置を搭載した。自動装填装置の採用も世界初であり、乗員は装填手が削減され3名（車長・砲手・操縦手）となる。この自動装填装置は、弾頭と発射薬を収

※4：西側の生産型戦車で初めて複合装甲が採用されたのはレオパルト2で1979年、次はM1で1981年。
※5：この部分（砲塔前面左右の装甲部分）の厚みは600㎜あるが、仮にすべて鋳鉄で作った場合、重量過多となる。450㎜厚でも限界に近い。セラミック球とポリウレタン樹脂（のちにアルミニウム合金）を組み合わせることで、重量を抑えつつ、防御力を向上させている。重量と防御力は、つねにトレードオフの関係にある。

T-64A

T-64A

◆強力な125㎜滑腔砲

T-64Aから125㎜砲を採用。この口径は最新のT-14戦車まで使用され続けている。また、世界で初めて自動装填装置を備えた。

◆世界初の複合装甲

鋳造砲塔内の空間に、セラミック球をポリウレタン樹脂で固めたものを埋め込んだ。しかし、のちに単にアルミニウム合金を鋳込む方式に変更されている。〈イラストはイメージ〉

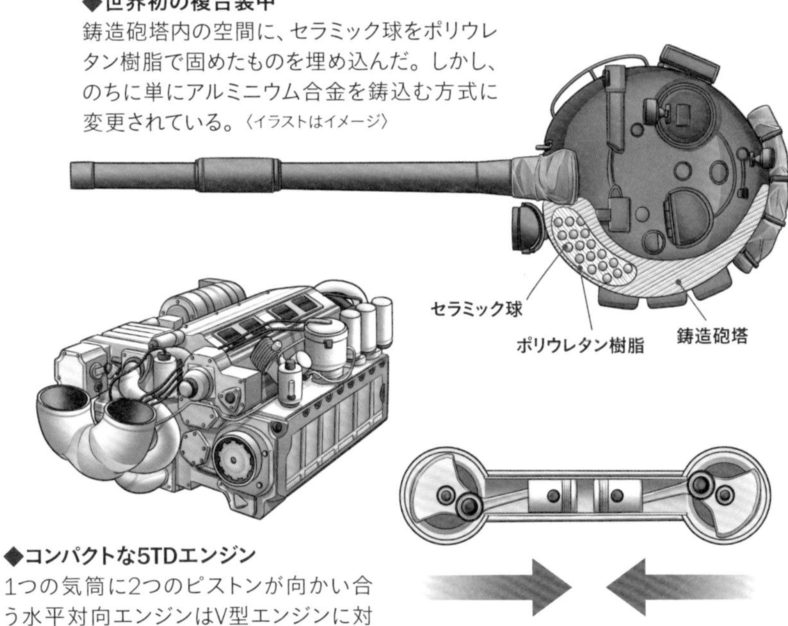

◆コンパクトな5TDエンジン

1つの気筒に2つのピストンが向かい合う水平対向エンジンはV型エンジンに対して低姿勢・コンパクト化を実現した。

自動装填装置「6ETs10」

弾倉は、前後2分割された砲弾が収納されたホルダーを並べたターンテーブルになっている。ホルダーはヒンジがあり、砲弾は90度に屈曲させた状態で保管される。テーブルを回転させ任意の弾種を砲尾後方に配置する（図A）。装填するときは、スイングアームによってヒンジをさらに屈曲させながら持ち上げ（図B）、装填位置でヒンジを伸展させる（図C）。

A

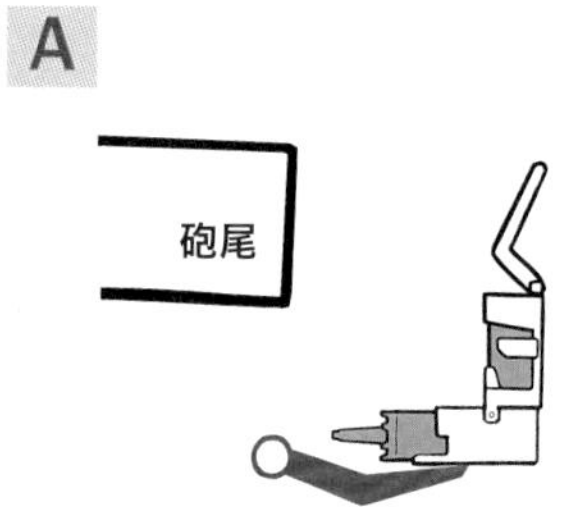

砲弾は二分割され、L字に折り曲げた状態で収納されている

B

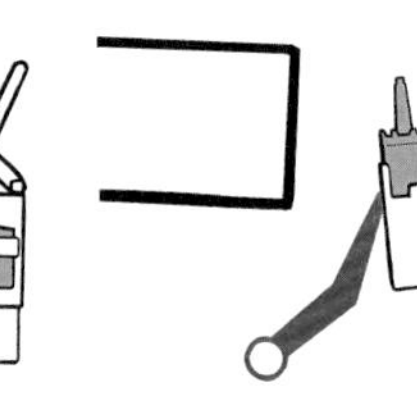

スイングアームによりホルダーが屈曲して持ち上がる

C

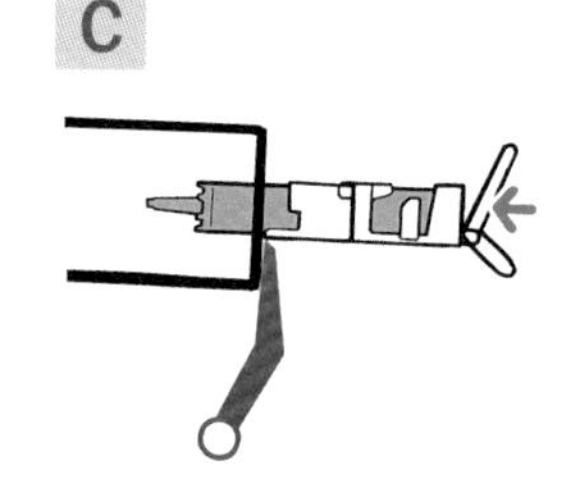

ホルダーが伸展。ラマーにより砲弾は砲尾に押し込まれる

自動装填装置「6ETs40」

ターンテーブルに砲弾を放射状に配置する点は同じだが、ホルダーは2分割の砲弾を上下に重ねて収納するカセットになっている。装填するときは、カセットがエレベーターのように上昇し、まず弾頭を装填。再び下降して装薬を装填する二段階動作となる。

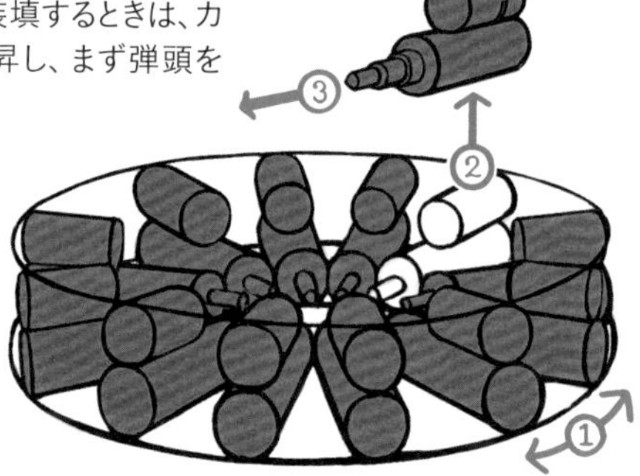

めたホルダーを砲塔バスケット底部に環状に並べ、それをアーム状の機械が拾い上げて装填する複雑な仕組みだった。ホルダーはL字状に90度折れ曲がった状態で弾倉に並び、L字の水平部分に侵徹体＋発射火薬、L字の鉛直部分に発射火薬を収納し、拾い上げられながら真っ直ぐ延びて装填される。また、装填後は空のホルダーを弾倉に戻す。この複雑な機構のため、装填不良が多く、さらに人を巻き込むこともあったという。

そのため、T-64Aからは改良型の「6ЭЦ15［*6ETs15*］」を、さらに1985年生産型からは新型の自動装填装置「6ЭЦ40［*6ETs40*］」（通称「кассетка（カセトカ、カセット）」）を搭載した。6ETs40は、同じく砲塔バスケット底部に環状に並べたホルダーを、エレヴェーターのようなもので持ち上げて装填する。ホルダーは、上下2つの円筒をくっつけた形になっており、下に侵徹体＋発射火薬、上に発射火薬を収納し、持ち上げながら順に装填していき、やはり装填後に空のホルダーは弾倉に戻す。

ただし、6ETs10、6ETs40ともに弾頭と発射薬を分離しているために、侵徹体

T-64（写真：多田将）

を長くすることができないという難点があった。そして、弾薬が乗員の足下に並んでいることは、被弾時の延焼により乗員が危険に晒されるという安全上の問題もあった。

この砲弾配置については、ソヴィエト／ロシア戦車の“欠点”として揶揄されることが多く、あわせて「西側戦車は砲弾をすべて（延焼の可能性のない）砲塔後方のバスル部[※6]に収納している」という誤解も見受けられる。だが、西側戦車は砲弾をバスル部だけでなく車体側にも多く収納しており、たとえばレオパルト2ではバスル部にある砲弾はたった1/3で、2/3は車体側（装填手の前）に置かれている。むしろ車体下部に集めたソヴィエト戦車のほうが、被弾の可能性という点では安全とさえ言える[※7]。

攻撃面の特徴としては、さらに改良型の「T-64Б［*T-64B*］」からは、125㎜砲が新型（2A46）となり、対戦車ミサイルも発射できるようになった。この対戦車ミサイル9M112（誘導装置などを含めたシステム全体の名称は9K112）は、6ETs10／15の装填機構に対応するため、弾倉に収納されている状態ではL字状態

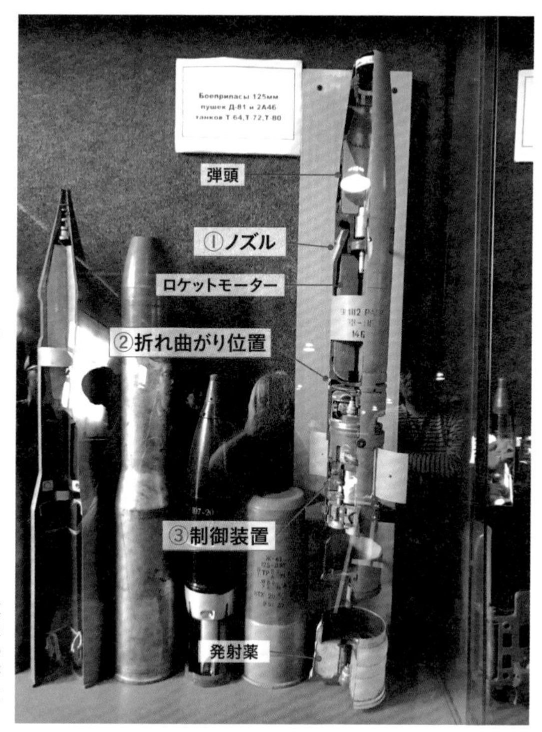

9M112対戦車ミサイル。T-64の自動装填装置に収納するため、中央あたりでL字に折れ曲がる（②）。そのため、前方部分の側面にロケットモーターのノズル（①）があり、後方部分に制御装置（③）を収めた特異な機構となっている（写真：多田将）

※6：バスルとは「出っ張り」の意味であり、戦車においては砲塔の後部に突き出した部位を指す。西側戦車に多く見られる構造で、この部分に予備砲弾を収納している。
※7：ソヴィエト戦車は砲弾を車体底部に集中させ、また西側戦車と比べて小型・低車高を実現している。

に90度折れ曲がっている。それが装填時に真っ直ぐ延ばされたときに結合されて一体化するようになっている。このため、さきほどの砲弾で言う前方部分（侵徹体＋発射火薬に相当する部分）に成形炸薬弾頭と固体ロケットモーターが、後方部分（発射火薬に相当する部分）に制御装置と砲身から打ち出すだけの発射火薬が、それぞれ入っている。ミサイルというと後端のノズルから燃焼ガスを噴き出すイメージがあるが、9M112はこの複雑な仕組みのために、胴体側部にある4箇所のノズルから燃焼ガスを噴き出す。

しかし、このミサイルは自動装填装置が6ETs40になると使えなくなってしまった。装填ケースに上下別々に入っていると、前後部分の双方で回転方向の自由度があるため（つまりズレてしまうため）、装填時にうまく結合できるとは限らないからだ。そこで、前方部分にミサイルの機能すべてを収めた9M119（システム全体の名称は9K119）が開発された（後方部分は砲からの射出装置）。9M119はロシアの現用戦車T-72／-80／-90の全てで運用可能で、現在の砲身発射式対戦車ミサイルの主力となっている。

◇「走」―― 新型の5気筒水平対向エンジン

T-64はコンパクトかつパワフルなエンジンを目指した結果、水平対向エンジン「5TД［*5TD*］」を採用した。その名前の通り5気筒で、1つの気筒に向かい合う形で2つのピストンが収められている。水平対向エンジンのことを俗に「ボクサー」と呼ぶが、これはシリンダーが向かい合って「打ち合う」ことに由来する。この5TDの形式は、真のボクサーエンジンと呼ぶべきものである［※8］。おもしろいことに、この5TDは蒸気機関車のエンジンをディーゼル化したものであり、ハリコフ機関車工場ならではと言える。機関部のコンパクト化に成功したことは、車輛全体の小型化・重量削減に貢献した。また、転輪／履帯をはじめとした足回りも、BT以来の伝統的な配置から脱却し、まったく新しいものとなっている。

これら「走・攻・守」にわたる野心的な装備や機構を、わずか36トンの重量に収めた設計は見事と言えるだろう。T-64については、自動装填装置や5TDエンジンの不調により、西側の一部では「失敗作であったため少数しか作られなかった」と解説する人もいる。だが、12,000輌も生産された戦車が「失敗作で少数」ならば、ほとんどの戦車の生産数がT-64以下の西側戦車は何だというのか、と尋ねたい。また、ウクライナ戦争（2022年～）における2022年9月のウクライナ軍の歴史的大反撃で主力として活躍したのが、このT-64であったことは、特に強調しておきたい。

※8：一般的な自動車のボクサーエンジンは、1つの気筒に1つのピストンを納め、それら気筒はクランクシャフトを挟んで反対側に置かれる。そのため、向かい合っておらず、ピストン同士が「打ち合う」構造ではない。5TDは、1つの気筒に2つのピストンが向かい合い、互いに「打ち合う」構造となっている。

■T-64をベースにガスタービン化された高性能戦車T-80

T-64のエンジンをガスタービンに替えたものが「T-80［*T-80*］」である。ガスタービンの採用は西側よりも5年も早い［※9］。T-64の改良型だが、ハリコフではなくレニングラードの特別設計局（SKB-2）で開発され、レニングラードとオムスクで生産された。このガスタービンエンジン「ГТД-1000T［*GTD-1000T*］」は、戦車用エンジンとしては驚くほどコンパクトでありながら、1,000馬力もの出力を誇る。また、意外に重要な点は、ガスタービンエンジンが極寒冷地に強いということだ。ディーゼルエンジンが動作しない環境でも、ガスタービンエンジンは稼働する。そのため、現在のロシア軍でも寒冷地には優先してT-80が配備されている。

エンジンはその後も改良が進み、「T-80Б［*T-80B*］」はGTD-1000TF（1,100馬力）、「T-80У［*T-80U*］」はGTD-1250（1,250馬力）と徐々にパワーアップした。T-80Uの27HP/tという出力重量比［※10］は、世界トップクラスを誇る（M1A2、レオパルト2A6ともに24 HP/t）。

しかし、出力は大きくとも燃費の悪さはいかんともしがたい。特に初期型のGTD-1000Tの燃費は極めて悪かった。ソヴィエトは世界屈指の産油国ではあったが、い

T-80（写真：多田将）

※9：西側唯一のガスタービン戦車であるアメリカのM1は、1981年より配備が開始された。
※10：出力重量比（HP/t）は、重量（t）あたりの出力（馬力、HP）を示すもので、この数値が高いほど機動性に優れる。

くら石油が採れようと、頻繁に補給が必要な戦車は運用上問題がある。そこで、T-80Uのエンジンをディーゼルエンジンに換装した「T-80УД［*T-80UD*］」も並行して製造された。T-80UDのエンジンはT-64の5TDエンジンに気筒を1つ増やした6TDで、T-80Uに比べて出力は落ちたが燃費は向上した。T-80UDはソヴィエト時代にハリコフで製造されたが、ソヴィエト崩壊後はウクライナが独立国家となったことで、ウクライナによる独自の改良型であるT-84が開発された。

T-80は防御力や攻撃力の面でもT-64から大幅に改良されている。まず装甲は、初期型ではT-64初期型のようなセラミック球を埋め込む方式だった（ただしT-64より層が厚い）が、T-80Bからは拘束式のセラミックを使用した複合装甲となり、HEAT弾だけでなく、APFSDS弾に対しても有効となった。APFSDS弾に対する正面装甲の防御力は、装甲用鋼板（RHA）に換算して初期型で500㎜、T-80Bで550㎜、T-80Uで650㎜である（おそらく、後述する爆発反応装甲を含む値）。また、T-80Uからは車体側にも、この拘束式セラミック装甲が使われた。

T-80Uの防御力に関しては、新しい爆発反応装甲「コンタクト5（контакт-5）」の装備にも注目したい。コンタクト5はHEAT弾だけでなく、APFSDS弾に対しても有効な点が特徴で、一説によると鋼板200㎜を追加したに等しい効果があると言わ

T-80UDをベースにウクライナが独自に改良を加えたT-84（写真：U.S. Army photo by Spc. Rolyn Kropf）

T-80系統の変遷

T-80
T-80(1976)
・セラミック球式装甲
・GTD-1000Tエンジン(1,000HP)

T-80Б
T-80B(1978)
・拘束式セラミック装甲
・GTD-1000TFエンジン(1,100HP、80年型から)
・対戦車ミサイル 9K112装備

射撃統制システムを一新し、砲発射式対戦車ミサイルの運用が可能となった。イラストは小型のERA「コンタクト1」を装備したBV型。BV型は今も現役。

T-80У
T-80U(1985)
・拘束式セラミック装甲
・GDT-1250TFエンジン(1,250HP、90年型から)
・対戦車ミサイル 9K119装備

ERA「コンタクト5」を搭載し、APFSDS弾への防御力を高めた。大型のコンタクト5が砲塔前半分を覆うように配置され、ゴムスカートとあわせて平べったい砲塔シルエットを形作っている。このU型をディーゼルエンジン(6TDエンジン／1,000HP)に換装したモデルがUD型で、ほぼ同形状ながら車体後部のエンジン排気口の形状が大きく異なる。

T-80系統の最新型。新型の大型ERA「レリクト」により砲塔がソロバンの珠のような特徴的な菱形シルエットになった。主に北極圏の部隊に配備されていたが、ウクライナ戦争に投入されている。

れている（後述するように、侵徹体の形状にもよる）。

どうやって爆発反応装甲にAPFSDS弾への防御力を加えたのかと言えば、要は飛ばす鋼板を“大きく厚く”しただけである。大型の鋼板が衝突すると、APFSDS弾の侵徹体ですら折れてしまうのだ。アメリカ軍はコンタクト5を購入して試験したが、当時の標準砲弾であるM829A2弾では折れてしまったため、それまで細くなる一方だった侵徹体の設計を改め、細くしないかわりに全長を延ばし（砲弾のほぼ全長にわたる）、折れ難くしたM829A3弾を開発している。のちに、このコンタクト5と互換性がある新型の「レリクト（Реликт）」が開発され、T-80系をはじめT-72／T-90系でも最新型から順に置き換えられていっている。レリクトはコンタクト5に比べ、APFSDS弾に対して1.4倍、HEAT弾で2.1倍の防御効果があると言われている。

攻撃力の面では、T-64Bと同じ125㎜滑腔砲（2A46）を装備しているが、レーザー距離計、熱線映像装置、それらを含む射撃統制システム、砲安定装置などが新型となり、戦闘能力が大幅に向上している。また、T-80Bからは砲発射の対戦車ミサイルが使用できるようになっている。

■手堅い設計で現在も主力の地位にあるT-72／T-90

T-64が「走・攻・守」にわたる革新的な技術を盛り込んだ戦車であることは、すでに述べた通りだが、それゆえに大失敗したときの“保険”として、もう1つの戦車が開発されていた。それが「T-72［*T-72*］」である。T-64を手掛けたハリコフのライヴァルであるウラル（OKB-520）が設計・開発を担当した。その経緯から、あらゆる面でT-64とは異なる、ある意味“保守的”な戦車となった。

「走」では、エンジンを伝統的なV-2系統のディーゼルエンジン「B-46［*V-46*］」とした（T-72Bから「B-84［*V-84*］」）。「攻」では、同じ125㎜滑腔砲を搭載しながら、自動装填装置には最初から前述の6ETs40「カセトカ」が搭載された（そもそも、6ETs40はT-72用に開発されたものである）。

「守」では、T-72Bから砲塔前面左右に空間を設け、そのなかにゴムを鋼板で挟み込んだ「サンドウィッチ」を、隙間を空けて多数並べた装甲を採用した。これは、硬い鋼板と柔らかいゴム、そして空間と、異なる材質を何度も通過することによって、そのたびに砲弾に衝撃を与えて侵入方向のエネルギーを失わせるという考えにもとづく装甲だった。

T-72（写真：多田将）

T-72 Урал
T-72 Ural

野心的なT-64に対して手堅い設計のT-72は、“使いやすい”戦車として国内外あわせて3万輌以上が生産された東側のベストセラー戦車となった。

T-72Bから採用された「サンドウィッチ」式の複合装甲。砲塔前方左右に、ゴムをサンドした鋼板を並べて配置している。この装甲は、硬い鋼板、柔らかいゴム、空間という異なる材質を何度も通過させることで、APFSDS弾に衝撃を与え、そのエネルギーを減衰させようというもの。〈イラストはイメージ〉

T-72から派生したT-90は、T-90Aから溶接砲塔を採用し西側のような角ばったシルエットとなった。最新型T-90Mは、次世代戦車T-14の技術を盛り込んでグレイドアップされたモデルである。

T-90M Прорыв
T-90M Proryv

T-72系統の変遷

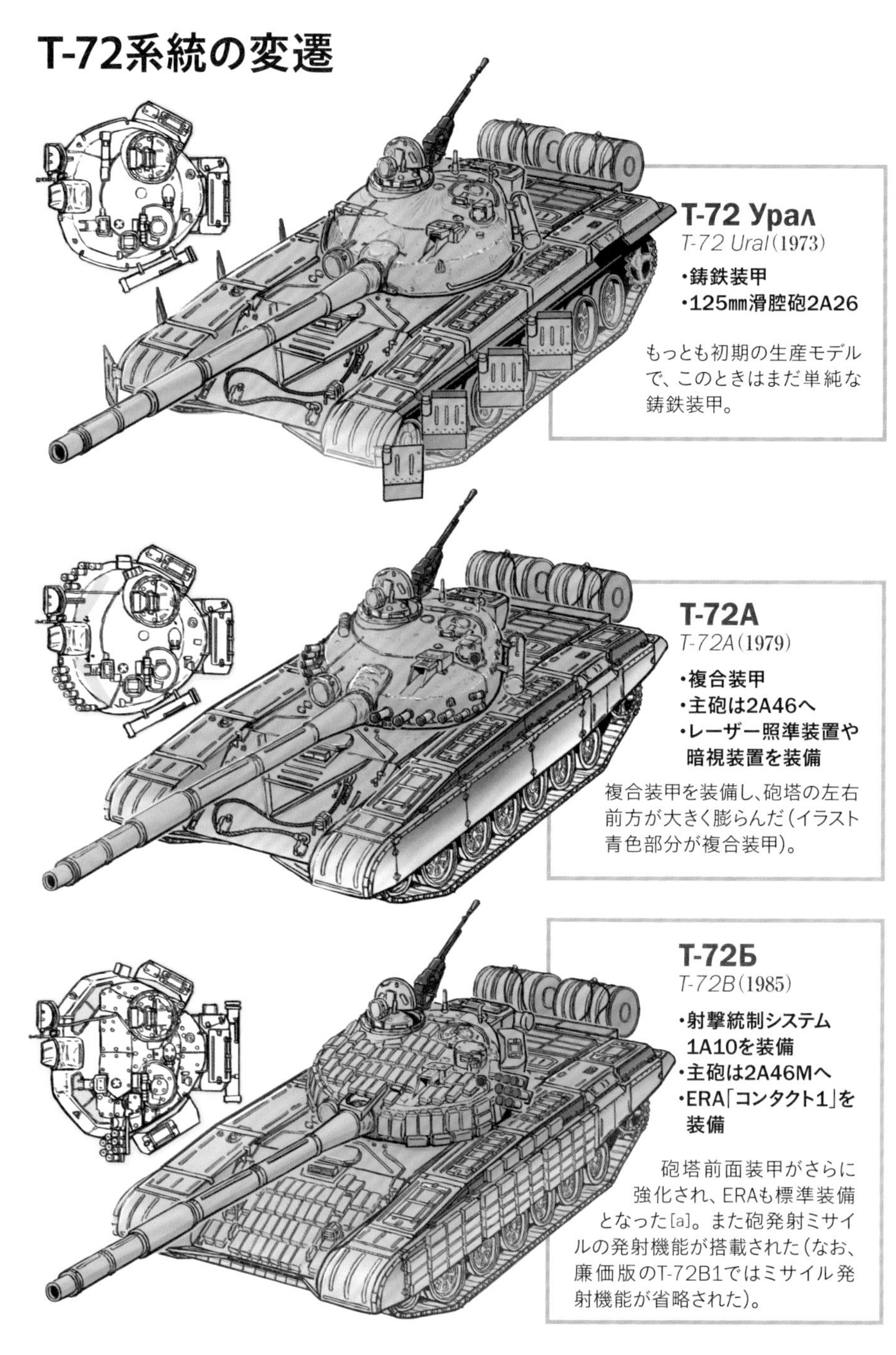

T-72 Урал
T-72 Ural（1973）

- 鋳鉄装甲
- 125㎜滑腔砲2A26

もっとも初期の生産モデルで、このときはまだ単純な鋳鉄装甲。

T-72A
T-72A（1979）

- 複合装甲
- 主砲は2A46へ
- レーザー照準装置や暗視装置を装備

複合装甲を装備し、砲塔の左右前方が大きく膨らんだ（イラスト青色部分が複合装甲）。

T-72Б
T-72B（1985）

- 射撃統制システム1A10を装備
- 主砲は2A46Mへ
- ERA「コンタクト1」を装備

砲塔前面装甲がさらに強化され、ERAも標準装備となった[a]。また砲発射ミサイルの発射機能が搭載された（なお、廉価版のT-72B1ではミサイル発射機能が省略された）。

a：初期生産車はERAが間に合わず未装着だった。そのためERA装備型を「T-72BV」と呼ぶ場合もあるが、正式な名称ではない。

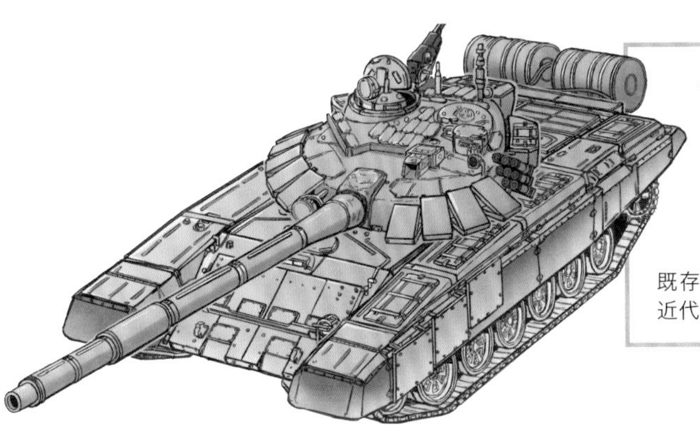

T-72БA

T-72BA（1999）

- ERA「コンタクト5」を装備

既存のT-72をT-72B並みに近代化改修したモデル。

T-72Б2

T-72B2（2006）

- 主砲は2A46M5
- 射撃統制システムの電子装備を一新
- 新型ERA「レリクト」を装備

T-90と同じ主砲、エンジン（V-92）、ERAなどを搭載した大幅改良型だが、価格高騰のためほとんど配備されなかった。

T-72Б3

T-72B3（2011）

- 主砲は2A46M5
- ERA「コンタクト5」を装備

価格高騰で配備が進まなかったB2型に替わり採用された。当初V-84エンジンを搭載していたが、2016年型からV-92に強化された。

旧東ドイツ軍のT-72M1（T-72Aをベースとした輸出型）。T-72シリーズは旧東側諸国をはじめ、世界各国で採用され現在も多くが現役にある（写真：マガタマ）

T-72のV-46エンジン（写真：マガタマ）

T-90系統の変遷

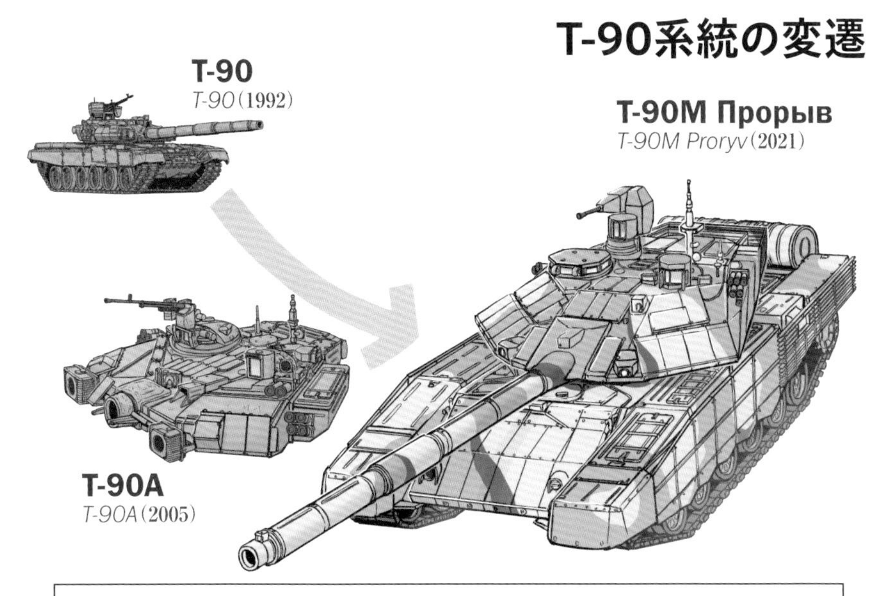

T-72BUから名称を一新しT-90が生まれた。T-90はT-72同様の鋳造砲塔だったが、T-90Aから溶接砲塔を採用し、角ばったシルエットになった。最新型T-90Mは、ERA「レリクト」を装備する。

1980年代後半、T-72の発展型であるT-72Bに、T-80から射撃統制システムなどの電子装備やコンタクト5を移植して戦闘能力を向上させたT-72BUが開発された。しかし、ほぼ時を同じくして勃発した湾岸戦争（1990～91年）で、T-72はアメリカのM1相手に滅多打ちにされてしまう。もちろん、ここで撃破されたT-72は輸出用モデルで、B型のような特殊装甲もなく、電子装備も貧弱ではあったが、T-72のブランドイメージは一気に低下してしまった。そこで、T-72BUには「T-72」の名称を用いず、新たに「T-90［*T-90*］」の名前が与えられた。

このT-90はT-72と同様の鋳造式の砲塔（および前面装甲）だったが、2005年から採用された「T-90A［*T-90A*］」は鋼板溶接式に変更され、より本格的な複合装甲に対応している。また、エンジンもV-2系統の新型である「В-92［V-92］」を搭載した。V-92の出力は1,000馬力であり、初代V-2の500馬力から時を経て遂に2倍に達した。

さらにT-90Aをもとに新型の砲塔、射撃統制装置、トランスミッションに換装し、グレイドアップしたものが「T-90M［*T-90M*］」で、2020年よりロシア軍で導入された。T-90Mは爆発反応装甲も新型のレリクトを装備しており、後述するT-14と同じアクティヴ防護システムも搭載できる。

T-72は国内だけで22,000輌、国外でのライセンス生産含め30,000輌が生産され、現在でも42カ国で運用されている（なお、この数字はT-90を含まない）。西側ではあまり高く評価されていないが、戦車というものは常に最強の敵と戦うわけではなく、さまざまな任務に対する“使いやすさ”が重要であり、それを考えればT-72はとても優れた戦車と言えるだろう。それは、多くの国で運用されていることに加え、今なお改良型が作られ、ロシアの主力戦車の地位を占め続けていることが証明している。

現在、T-72系統としては、T-90系だけでなく本家T-72系にもT-72B3という最新型が誕生しており、初代T-72とは別物と言うべき強力な戦車となっている。

T-90A。砲塔の正面、主砲の左右に固定された箱型の物体はソフトキル型アクティヴ防護システム「シュトラ」（写真：名城犬朗）

2-4 21世紀の戦車

■集大成とも言えるハイエンド次世代戦車T-14

1991年、ソヴィエト連邦が解体されロシア連邦が誕生したのちも、新型戦車の開発が計画された。ウクライナが独立したことでハリコフ工場が外国となったため、ロシアではウラル工場が開発を主導することになる。この戦車は「T-95［*T-95*］」と呼ばれたが、2010年頃には開発中止となり、改めてこの開発で培われた技術を盛り込み、かつ新しい設計の戦車が開発された。それが「T-14［*T-14*］」であり、2015年の大祖国戦争戦勝記念パレイド［※11］で初公開された。T-54から数えて13万輌、国外生産を含めれば17万輌もの戦車を作ってきたソヴィエト／ロシアの集大成である（ちなみに同時期のアメリカ戦車の総生産台数は5万輌）。

■車体への乗員の集中配置と無人砲塔化

T-14が画期的なのは、砲塔を無人とし、車長・砲手・操縦手ら乗員全員を車体側（従来の操縦手席付近）に横並びで座らせた乗員配置である。乗員区画と弾薬庫が分離されたことで、乗員の生存性が大きく向上した。また、こうすることで、

モスクワの兵器見本市で展示されるT-14（写真：綾部剛之）

※11：ロシアでは毎年5月9日は大祖国戦争の勝利を記念する日であり、モスクワで大規模な軍事パレイドが開催される。

防御すべき区画が最小化された。そもそも戦車の装甲の役割とは、その乗員を守ることにあり、乗員空間が小さくなるということは、同じ防御力（装甲厚）でも、装甲全体の重量は減るということである。ただし、このような配置だと車長が車外の情報を得るには、センサー類に頼らざるを得ず、それらが破壊されたらどうするのか、という問題がある［※12］。

また、ソヴィエト時代から熱心に開発を続けてきたアクティヴ防護システムの最新型や、対車輌／対ミサイルレーダー、赤外線目標検出器、GLONASS［※13］などを活用した射撃統制システムを備え、電子機器の塊といった様相を呈している。

搭載された砲は従来と同口径の125㎜だが新型（2A82）となり、無人化して広い空間を確保できた砲塔バスケット内で、より長い侵徹体を使った新型砲弾を使用できることから、従来よりも大幅に貫徹力を向上させたと考えられている。初速は2,000m/s、貫徹力は装甲用鋼板（RHA）換算で850㎜以上（一説によると1,000㎜）と言われ、これが本当だとすると世界中のすべての戦車の主装甲を貫通できる。まさに世界最強の戦車砲である。また、将来的により大口径の152㎜砲

T-14の砲塔。左右上面、発煙弾のランチャーが確認できる。また、砲塔基部にさまざまな角度を向けているランチャーは迎撃用散弾の発射筒。これらがアクティヴ防護システム「アフガニート」を構成する（写真：木村和尊）

※12：車長の役割は戦車の周囲の状況を把握し、索敵を行い、判断して乗員に命令を下すことにある。そのため従来の戦車では車長は視界が広くとれる高い位置にあって、砲塔上部の光学式・赤外線式の視察装置や肉眼により車外の情報を収集した。
※13：ГЛОбальная НАвигационная Спутниковая Система、ГЛОНАСС（GLONASS）。ロシア独自の衛星測位システム。

(2A83) に載せ替えることも可能となっている。

エンジンは珍しいX型エンジンで、コンパクトだが1,500馬力を発揮する。サスペンションにはアクティヴ・サスペンションを使うなど、ロシア戦車らしからぬ高級仕様となっている。

■ウクライナ戦争による影響

このようにT-14は、現時点では世界でもっとも先進的で、おそらく最強の戦車であろうが、問題はあまりに高級・高価であるために、調達がまったく進んでいないことである。もともと、T-14が登場したときには、M1やレオパルト2と真っ向から激突する必然性が薄れており、現場としては使い慣れたT-72やT-80を好むのは当然とも言える状況だった。実際、ロシア陸軍では、寒冷地にはT-80の最新型「T-80БВМ［*T-80BVM*]」(T-80BVを改修したもの)、それ以外の地域にはT-72の最新型T-72B3の配備を進めていて、T-14の出番はなかなかないと思われていた。

戦車を巡る環境が大きく変化したのは、2022年2月に開始されたウクライナ戦争であり、機甲戦力の有効性が改めて注目された。同年9月には、ウクライナ軍がハリコフ東方で機甲部隊による歴史に残る大突破を実行し、ロシアに占領されていた領土を一気に奪還した。21世紀においても、機甲戦力の破壊力がいかに凄まじいかを見せつけた戦いであった。

2022年末の段階で戦局はロシアにとって厳しい状況にあり、兵器生産の面でも苦境が伝えられているが、こうした戦訓を踏まえてロシアがT-14の本格生産に踏み切るのか、あるいは使いやすい既存戦車の路線を継続するのか、注目したいところである。

なお、T-14は「アルマータ（Армата、ロシア初の大砲の名前)」の名称が知られているが、これは共通化されたプラットフォーム（車体や走行装置）の愛称であって、この戦車の名前ではない（共通プラットフォームについては第3章で詳しく述べる)。

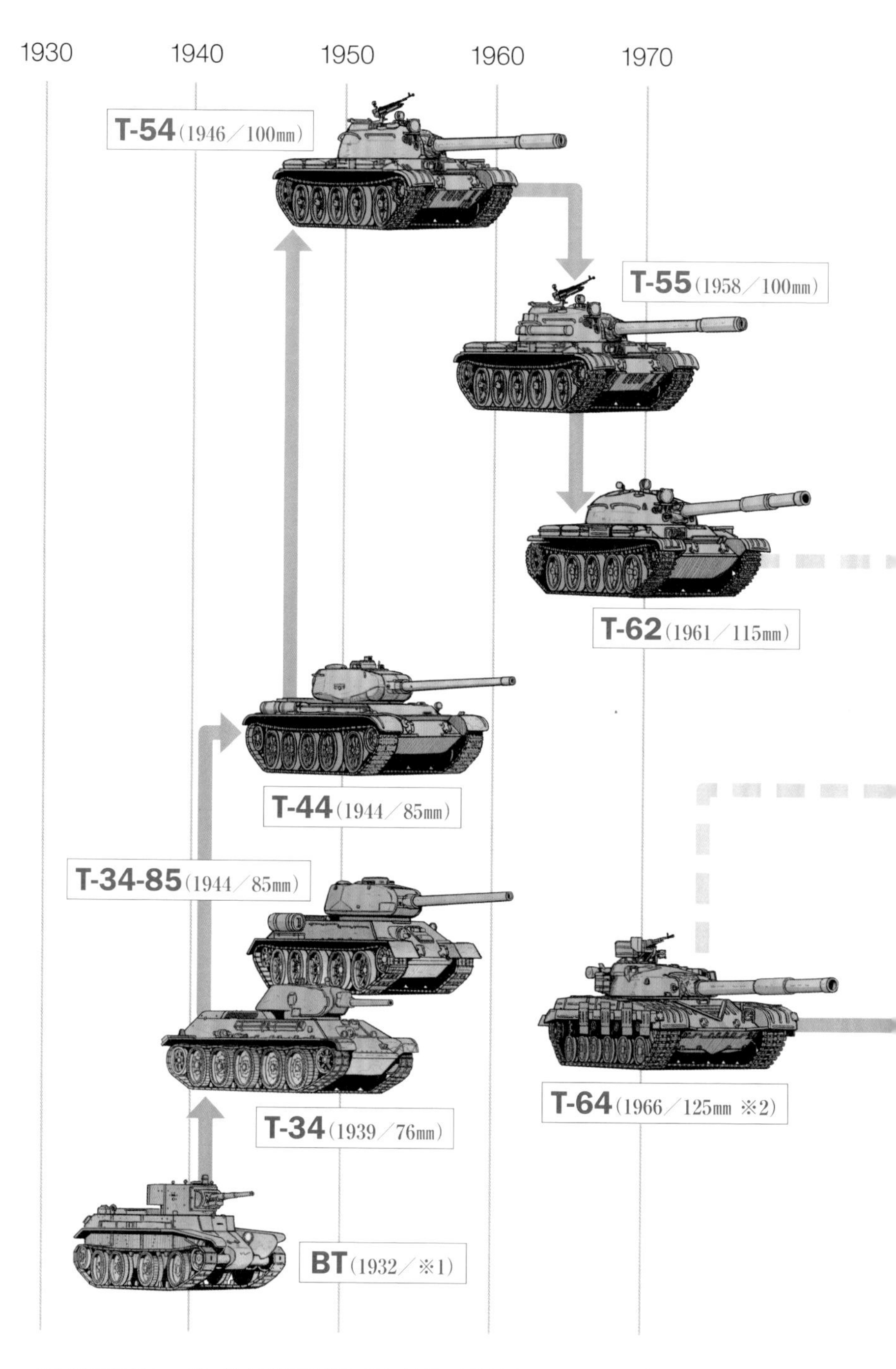

※1：BTの砲は37mm〜45mm(および近接支援用の76mm)と型により異なる。イラストはBT-7 (45mm砲搭載)。
※2：初期型T-64は115mm砲搭載。

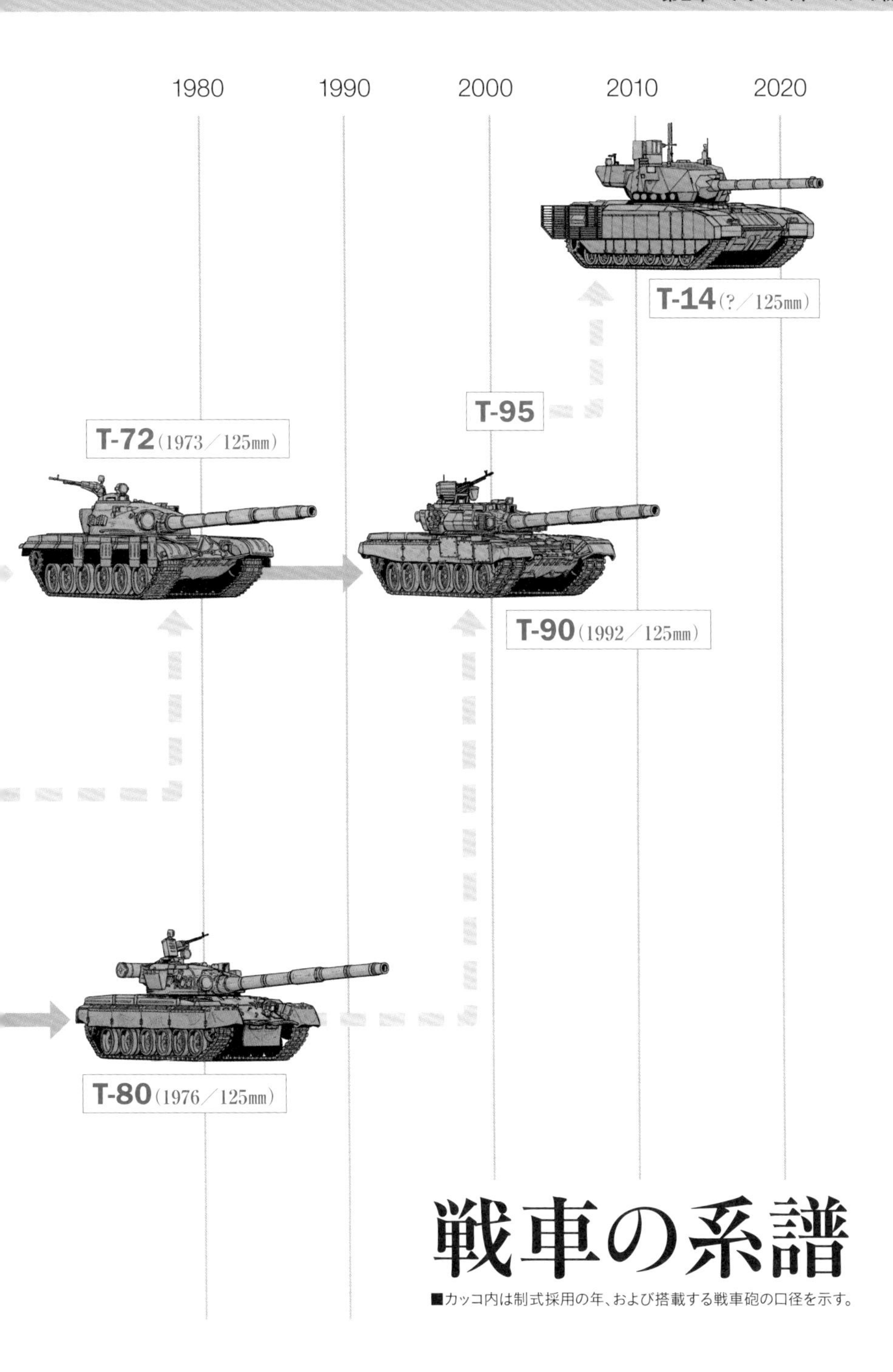

戦車の系譜

■カッコ内は制式採用の年、および搭載する戦車砲の口径を示す。

転輪によるソヴィエト戦車の識別

戦車大国と呼ばれるだけあってソヴィエト連邦は戦車の種類が豊富であり、現在のロシア連邦でも引き続き複数の戦車が運用されている。シルエットも似通っており、識別は難しいと思われるかもしれないが、転輪の配置によって見分けることができる。

転輪が小型で、それぞれの間隔が広い。

転輪が等間隔ではなく、ところどころに間隔が空いている(矢印で示した箇所)。
また、砲塔後部に固定されたシュノーケルが太い(無い場合もある)。

転輪は大きく、等間隔かつ隙間があまりない。また、T-72/90系は左側面後方にエンジン排気口があるのも特徴(他の戦車は車体後部にある)。

(写真:名城犬朗)

第3章
戦車以外の戦闘車輌

写真：Ministry of Defence of the Russian Federation

ソヴィエト連邦の目指した戦い

第2章で紹介した戦車は、たしかに陸戦の花形ではあるが、それだけで戦うことはできない。それ以外にさまざまな兵器、兵科、そして兵士たちがいて、それぞれの役割を着実に果たすことで、その巨大な戦闘システムは稼働するのだ。本章ではそうした戦車以外の戦闘車輌について解説する。

そもそも、ある国の兵器／装備というものは、その国の国防方針に基づいて構築されたドクトリン［※1］**に定められた戦い方を実現できる機能や性能を持つものが調達される。そこでまずは、ソヴィエト連邦が“どのような戦い方”を構想していたのか、そのドクトリンについて説明しよう。**

※1：一国の軍隊が“どのように戦うのか”という基本的な運用思想を示したもの。このドクトリンに基づいて、将兵の教育や部隊の編成、武器の調達が行われる。いわば、軍隊の設計図のようなもの。なお、政治や外交の方針や考えを示す語としても使われる（例：トルーマン・ドクトリン）。

3-1 縦深作戦理論

■縦深のある攻撃を可能とする圧倒的地上戦力

1925年にわずか32歳で赤軍参謀総長に任命され、1935年に42歳でソヴィエト初の「元帥（ソヴィエト連邦元帥）」となったミハイル＝ニカラエヴィチ＝トゥハチェフスキイは、その戦闘経験から「縦深作戦理論（Теория глубокой операции）」をつくり上げた。そして、彼が主導して作成し、1936年に発表された赤軍のドクトリン文書「赤軍野外教令」に、その理論は採用された。彼自身は、そのあまりの優秀さゆえにスターリンから睨まれ、赤軍粛清により翌年に処刑されてしまうが、彼の縦深作戦理論はその後も赤軍、そしてソヴィエト連邦軍のドクトリンの礎となった

縦深作戦理論とは、どのようなものだったのだろうか？ 古くから「縦深陣」という防御陣はあり、それは敵の侵攻方向に対して厚く（深さのある）布陣をすることで敵の攻撃力を吸収するものだ。縦深作戦理論は、逆に“縦深的に（深さをもって）攻撃”するものである。

まず、主戦力となる機甲部隊は、少なくとも2層から成り、第1梯団が敵の前進を突破・突進する。どのような強力な部隊でも突進には限度があるので、ある地点

縦深作戦理論

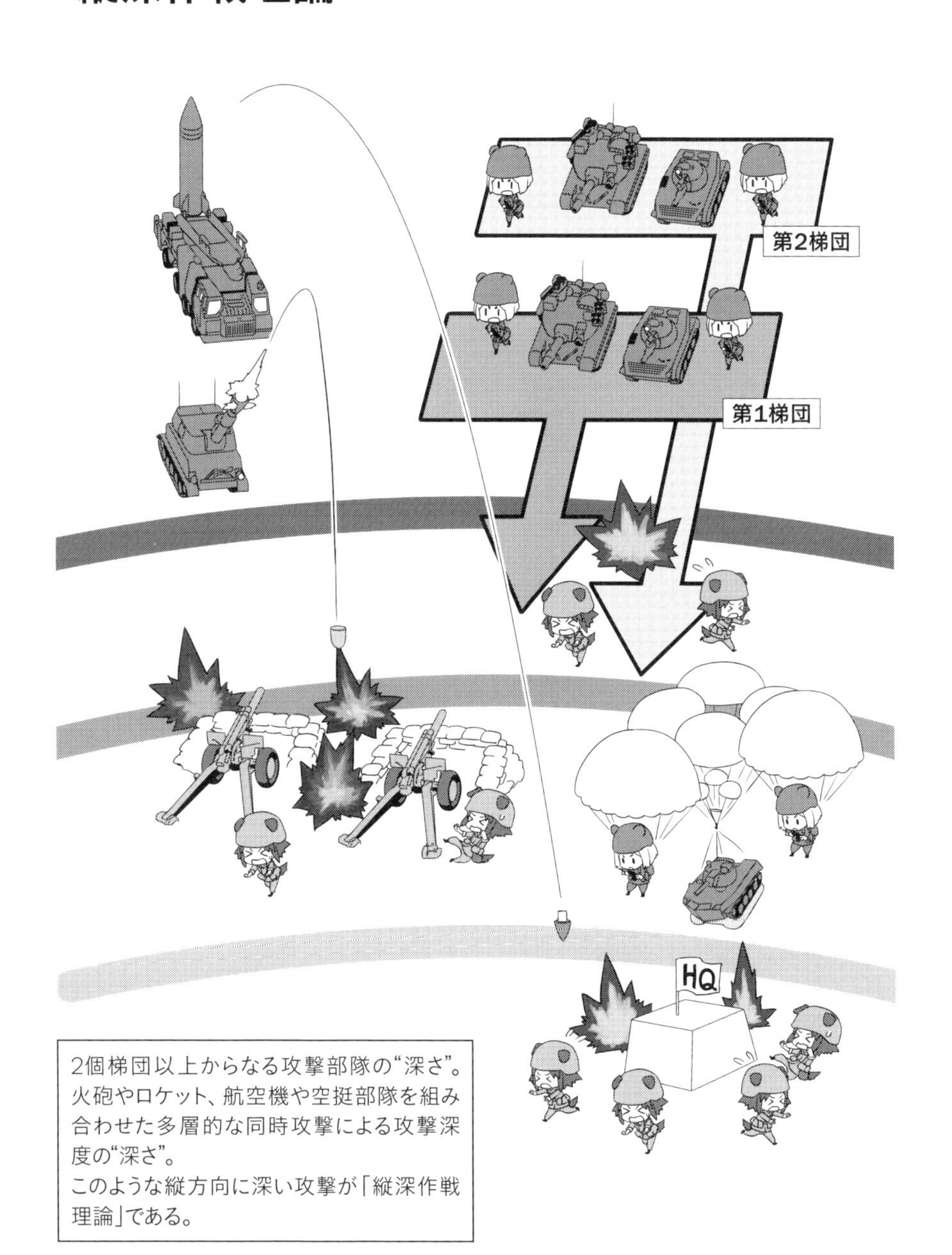

2個梯団以上からなる攻撃部隊の“深さ”。火砲やロケット、航空機や空挺部隊を組み合わせた多層的な同時攻撃による攻撃深度の“深さ”。
このような縦方向に深い攻撃が「縦深作戦理論」である。

でそれは停止するのだが、その後方にいた第2梯団がそれを追い越して敵に突進する（超越攻撃）。こうして敵に連続した打撃を与え、息つく暇を与えない。このように機甲部隊が縦方向（侵攻方向）に深い。

次に、その機甲部隊を火力支援する砲兵部隊は、最前線で支援を担う短射程砲、その少し後方を砲撃する中射程砲、もっと後方を砲撃する長射程砲、さらに敵の深部へ攻撃を加える多連装ロケット発射機や戦術ロケット（短距離弾道弾）と、それぞれの担当する距離をカヴァーする多層的な同時攻撃を実施する。こうすることで、敵に後方で態勢を立て直す余裕を与えない。つまり、砲撃する範囲も縦方向に深い。

また、敵の深部に対する攻撃には、野砲やロケットだけでなく、航空機からの攻撃も加わり、敵のより深部まで同時に攻撃する。そして最も深い部分、すなわち敵の背後に空挺部隊を降下させ、後方を遮断する（なお、ソヴィエト／ロシア軍の空挺部隊は、敵の戦車部隊とさえ激突することを想定しているため、他国の空挺部隊と比較してはるかに重武装である。この点については後述する）。こうして、単に戦闘の正面だけでなく、作戦レヴェル全体で“縦方向に深い”攻撃を目指したのが縦深作戦理論である。

これらを可能とするためには、圧倒的な機甲戦力、射程のヴァリエイションに富んだ多数の野砲やロケット兵器、そして航空打撃力や重装備の空挺部隊などが必要となる。機甲戦力の整備については、第1章で述べた西側を凌駕する戦車の大量生産に繋がる。本章では、戦車以外の縦深作戦理論を支える数々の地上兵器について解説したい。野砲やロケット兵器については第4章で解説する。

3-2 兵員輸送車輌

■戦車に追随する歩兵

“圧倒的な機甲戦力”のうち、戦車については第2章で述べたが、「機甲戦力」と言った場合、それは戦車単独では成り立たない。もし“戦車が単独で突進”したらどうなるだろうか。これを考えるうえで実に興味深い戦例がある。それは第4次中東戦争（1973年）におけるシナイ半島での戦闘だ。当時、無敵とさえ思われたイスラエル機甲部隊が、それを迎え撃ったエジプト軍の対戦車ミサイルに滅多打ちにされた。この戦闘結果は世界を震撼させた。戦車は地上最強の兵器ではあるが、無敵ではなかったのだ。

この敗北は、複合装甲が実装される以前の戦車が、対戦車ミサイルの成形炸薬弾に対して脆弱だったことが大きな要因ではあるが、複合装甲を実装した現代の戦車であっても、歩兵の対戦車火器に倒されてしまうことも多い。戦車戦ではほぼ負け知らずのM1が、非正規部隊の歩兵携行式対戦車火器で撃破された例もある。第1章でお話したとおり、強固な主装甲は前面だけに実装されているのであって、側面や背後の装甲は薄いからだ。仮にその部分まで重装甲にしてしまうと戦車は重くて動けなるので、重量にあまり影響しない範囲で強化や対抗策を講じるのが関の山である。もっとも現実的かつ効果的な解決策は、戦車だけで単独行動せず、歩兵を随伴させることだ。思いがけない方向からの攻撃を加えられないよう、敵の歩兵を制圧してもらうのである。

では、どうやって歩兵を随伴させたらよいのだろうか。機甲部隊の強みはその速度にあるので、歩兵の徒歩速度に合わせるわけにはいかない。歩兵の速度を戦車に合わせるべきだ。この問題のもっとも簡単な解決策が、戦車の上に歩兵を乗せて移動させる、いわゆる「タンク・デサント（Танковый десант）」だ。ただし、これは窮余の策であって、狙撃される可能性が少ない安全地帯以外では使えない。また、速度もそれほど出せなくなってしまう。

なお、勘違いしている人が多いようなので念のために言っておくと、歩兵は戦車の上に乗ったまま戦うわけではない。安全地帯を過ぎれば、ちゃんと戦車から降りる。そもそもタンク・デサントという言葉は、“戦車に乗る”ことではなく“戦車から降りる”ことを意味する。ロシア語では、航空機から降りること（空挺降下）も“デサント”だし、揚陸艦艇から降りること（着上陸）も“デサント”と言う。

となると、歩兵も専用の車輌に乗せるのが正解となる。もちろん、戦車と同じ戦場に投入されるため、どんな車輌でもいいわけではなく、ちゃんと装甲で防御された車輌でなくてはならない。これが装甲兵員輸送車輌である。

もし戦車と完全に同じ踏破性を求めるなら装軌式（履帯を備えた車輌）でなければならないが、一方で軽快さを求めるなら装輪式（タイヤを備えた車輌）のほうがよい。第2次世界大戦期には、その中間のような半装軌車輌（ハーフトラック）も活躍した（特にドイツ軍とアメリカ軍）。ソヴィエト連邦では装軌車輌と装輪車輌が並行して配備されていた。

■現代の兵員輸送車輌のさきがけ —— BTR-60

戦後の初期の兵員輸送車輌には、装輪式の「БТР-40［*BTR-40*］」と「БТР-152［*BTR-152*］」、装軌式の「БТР-50［*BTR-50*］」がある。なお、「БТР」とは「Броне（装甲）ТРанспортёр（輸送車輌）」の略である。

このうちBTR-152から本格的な兵員輸送車輌へと進化したのが、「БТР-60［*BTR-60*］」である。これは以降に続くBTR-60／-70／-80シリーズの祖となり、このシリーズの特徴の大部分をすでに備えていた。それまでのBTR-40やBTR-152が通常のトラックを装甲化したような形をしていたのに対して、ほぼ全長にわたる長細い箱型車体に、巨大な総輪駆動の8つの車輪を備えており、現代の主流となっている兵員輸送車輌の形状をしていた。ソヴィエトは世界に先駆けて、現代的な兵員輸送車輌を完成させたのである。

前4輪（2軸）が操舵輪なのだが、特徴的なのはエンジンを2基搭載し、1基で第1／3軸を、もう1基で第2／4軸を駆動することだ。この複雑な駆動方式は、仮にエンジンが1基壊れても走行可能なようにしたものである。そして、このエンジンは軍用車輌には珍しいガソリンエンジンを採用していた。エンジンは車体後部にあり、そのため現代の兵員輸送車輌で一般的な後部ハッチは無い。

車体の装甲は7.62㎜ライフル弾を防ぐ程度の薄いものであるが、そのぶん軽く、浮航性がある。国内にいくつもの大河川や湿地を有するソヴィエト連邦では、橋のない場所でも渡河できるように、車輌の浮航性を重視している。浮航時にはウォータージェットで推進する。BTR-60シリーズの最初期型「БТР-60П［*BTR-60P*］」の末尾「П」は、「浮航性（Плавающий）」の意味である。

このBTR-60Pは屋根がないオープントップであった。そのため高い位置からの狙撃などに対して無防備で、すでに、BTR-60Pが就役する以前の1956年のハンガリ

БТР-60П
BTR-60P
最初はオープントップだった！
長細い箱型車体に、総輪駆動の8つの車輪を備え、現代まで続く「兵員輸送車輌」のディザインを他国に先駆けて実現した。

上からの出入りは狙撃されやすい……
БТР-60ПБ
BTR-60PB
ここにエンジンがあるため、後部ハッチを設けることができない。
出にくい……
浮航時のバランスを考えてエンジンを車体後部に配置したことで、西側の兵員輸送車輌では一般的な後部ハッチを設けることができなかった。

ー動乱でも、ビルの上階から攻撃を受けた場合の防備が問題視されていた。

また、時代が核兵器使用下での戦闘を想定するようになったことから密閉された兵員室が求められ（第2章T-55解説を参照）、改良型のBTR-60PAからは屋根が追加された。BTR-60PAまでは車輌固有の兵装を持たなかったが、続くBTR-60PBからは兵員室の前半部分に砲塔が追加され、14.5㎜重機関銃が搭載された。なお、砲塔を備えたことで兵員室は狭くなり、乗車できる兵員数は14名から8名に減少している。

BTR-60は国内で25,000輌生産されたほか、ルーマニアで1,900輌がライセンス生産されている。また、この車輌をベースに指揮車輌や通信車輌、技術支援車輌などもつくられている。

■発展型となってもハッチ問題は解決せず —— BTR-70／-80

さて、BTR-60PBは、兵員室に“蓋”をしてしまったために、兵員は天井に設けたハッチからしか出入りできなくなった。天井は高い位置にあるため、出てから地上に降りるまでが大変なうえに、出入りの際に狙撃の格好の的となってしまう。そこで、第2車軸と第3車軸の間の車体側面にハッチが設けられた。これが「БТР-70［*BTR-70*］」である。たしかにハッチの位置は低くなったが、とても狭く、出入りするのは一苦労だったようだ。

さらにBTR-70のエンジンをガソリンからディーゼルに換装したのが「БТР-80［*BTR-80*］」である。しかし、相変わらずエンジン配置は後部で、後部ハッチが設けらないために狭い側部ハッチから出入りする点は変わらなかった。ただし、ハッチは大きくなっている（それでも乗降するには狭い）。BTR-80のヴァリエイションには、後述するBMP-2が装備する30㎜機関砲の低反動版を搭載した「БТР-80A［*BTR-80A*］」がある。

ロシア連邦時代に入ると、BTR-80のエンジンを大出力化し、ギアボックスやサスペンションなど脚周りを強化、車体底面をV字形にして耐地雷能力を向上させ、BMP-2と同じ30㎜機関砲を搭載した「БТР-90［*BTR-90*］」が登場した。しかし、制式採用までされたものの高価なために調達が進まず、結局BTR-80Aを近代化した「БТР-82A［*BTR-82A*］」がBTR-80の代替となった。

■次世代の装輪プラットフォーム —— 「ブメランク」

ロシア連邦時代に入っても、戦闘車輌は既存モデルのマイナーチェインジで済ま

BTR-60の天井ハッチは降車時に狙撃される危険性が高いため、BTR-70では車体側面（第2車軸と第3車軸の間）にハッチが設けられた。しかし、このハッチは狭く、完全装備の歩兵にとっては出入りが一苦労だった。また、BTR-60PBの兵員室が正面向き・横並びで座るシート配置だったのに対して、BTR-70は中央のシートに背中あわせで座るスタイルとなった。

BTR-80は、エンジンがガソリンからディーゼルに変わり、安全性が向上した。また、側面ハッチが拡大され上下の2枚扉となった。

せていたが、21世紀に入りまったく新規設計の車輛の開発も進められ、これらは2015年の大祖国戦争戦勝記念パレイドで一気に登場した。

第2章で紹介したT-14を含め、これら車輛の特徴は複数種類の車輛でプラットフォーム（車体や走行装置）を共通にするというものだ。これは「統一戦闘プラットフォーム（Унифицированная боевая платформ）」と呼ばれる。このプラットフォームは「重装軌」・「軽装軌」・「装輪」の3種類あり、本節では装輪プラットフォーム「ブメランク（Бумеранг、ブーメラン）」について解説したい（統一戦闘プラットフォームについては、86ページに解説のイラストを掲載している）。

ブメランクをベースに開発されたのが、BTR-60系の後継となる兵員輸送車輛「K-16［K-16］」と、装輪式歩兵戦闘車輛「K-17［*K-17*］」だ（K-17については次節、歩兵戦闘車輛の解説で扱う）。これらはBTR-60系と同じく8輪総輪駆動式ではあるが、エンジンが前部に配置され、後部には1枚扉の大型降車ハッチが設けられた。装甲にはセラミックを用いた複合装甲が採用され、BTR-60系より大幅に防御力が向上した。

砲塔は無人式で、砲手は他の兵員と同じ兵員室でディスプレイを観ながらジョイスティックでリモート操作する。また、無人砲塔の採用により兵員室内に出っ張りがなく、広い空間を確保することができた。車内は個別シートや液晶ディスプレイを多用したインターフェイスが備えられ近代的な内装となっている。

ブメランクでは、BTR-60系と同じく、指揮車輛や放射線化学生物偵察車輛、装甲回収車輛、装甲医療車輛など支援車輛のヴァリエイションが作られるほか、自走砲型や対空ミサイルシステム搭載型も予定されている。

■装軌式の兵員輸送車輛 —— MT-LB

装軌式の兵員輸送車輛についても触れておく。戦後まもなく作られた前述の装軌式兵員輸送車輛BTR-50の後継も開発された。これが「MT-ЛБ［*MT-LB*］」である。MT-ЛБとは「多用途（Многоцелевой）輸送牽引車輛（Транспортёр-тягач）- 軽（Лёгкий）装甲（Бронированный）」の意味で、純然たる兵員輸送車輛というよりも、野砲牽引車輛を兼ねた多目的装軌車輛であった。第4章でも解説するがソヴィエト連邦は砲兵火力の整備に力を注ぎ、自走砲だけでは足りないため、牽引砲も多数運用していた。そのため野砲牽引車輛は重要であった。

平べったい車体に、上部転輪を持たない長細い足回りを持つ、シンプルな造りの装甲車輛である。そのシンプルさがとても重宝したようで、MT-LBとして55,000

BTR-80の改良型で30㎜機関砲塔を装備したBTR-82A（写真：木村和尊）

装輪プラットフォーム「ブメランク」。写真は歩兵戦闘車輌型のK-17。兵員輸送車輌型のK-16は、こちらよりやや小型の砲塔を備えている（写真：菊池雅之）

輌以上も生産されたほか、自走榴弾砲2S1、自走迫撃砲2K21／2K32、対空ロケットシステム9K35、対戦車ロケットシステム9K114、掘削車輌AZM／UDZM、技術支援車輌MTP-LB、砲兵観測車輌1RL232、放射線偵察車輌K-611／K-612、放射線捜索車輌RPM、化学偵察車輌RKhMなど、多くの車輌のベースとなった。MT-LBは未だ多数が現役で、ウクライナ戦争でも多用されている。

■戦車改造の重装甲車輌 ―― BTR-T

さて、これらの兵員輸送車輌は前述のように装甲はペラペラで、機関砲の攻撃には耐えられない。それに耐えられるように装甲を追加すると、重量が増大し、今度は足回りも強化しなければならない。そんな改造をするくらいなら、最初から重装甲の車輌を兵員輸送車輌に改造したほうがいいのではないだろうか。重装甲の車輌とは、すなわち戦車である［※2］。

ソヴィエト連邦では、戦車なら腐るほど生産しており、しかも西側との熾烈な開発競争が行われていたために既存の戦車はすぐに旧式化し、新型戦車を続々と投入

MT-LB（写真：マガタマ）

※2：第1章で「戦車の正面は重装甲だが、側面や背面はそれに比べて装甲が薄い」と解説したが、ここでいう“薄い”側面装甲でも、他の装甲車輌に比べればずっと厚い。どの方向から見ても、この世で最も重装甲な車輌は戦車なのである。

しなければならなかった。となると、旧型戦車が大量に余ってくる。その有効活用という面でも、戦車を兵員輸送車輌に転用することにメリットがあった。このアイデアを最初に実用化したのは実はイスラエルで、鹵獲した敵戦車（ソヴィエト製）の改造から始め、最終的には自国製主力戦車を改造した兵員輸送車輌まで運用している。

80〜90年代の対ゲリラ戦において装甲の薄い兵員輸送車輌に多くの損害を出したロシア軍は、イスラエルに倣い旧型戦車T-55を兵員輸送車輌に改造した。これが「БТР-Т［*BTR-T*］」である。「T」は「重い（тяжёлый）」の意味で、「重兵員輸送車輌」とも言うべきものである。

しかし、T-55の砲塔を外してそこに兵員乗車区画を設けたため、兵員室は狭く、5名しか乗車できなかった。しかもエンジンは後部配置のままなので、後部ハッチを設けることができない。兵員は上部ハッチから下車せざるを得ず、戦闘地域で下車戦闘に移行するとき大きな問題があった。エンジン配置を変えてまで後部ハッチを設けたイスラエルの車輌とは対照的である。

BTR-Tは、結局採用されることはなかった。しかし、この発想を受け継いだ車輌はこの後も開発されている。それについては次節で解説する。

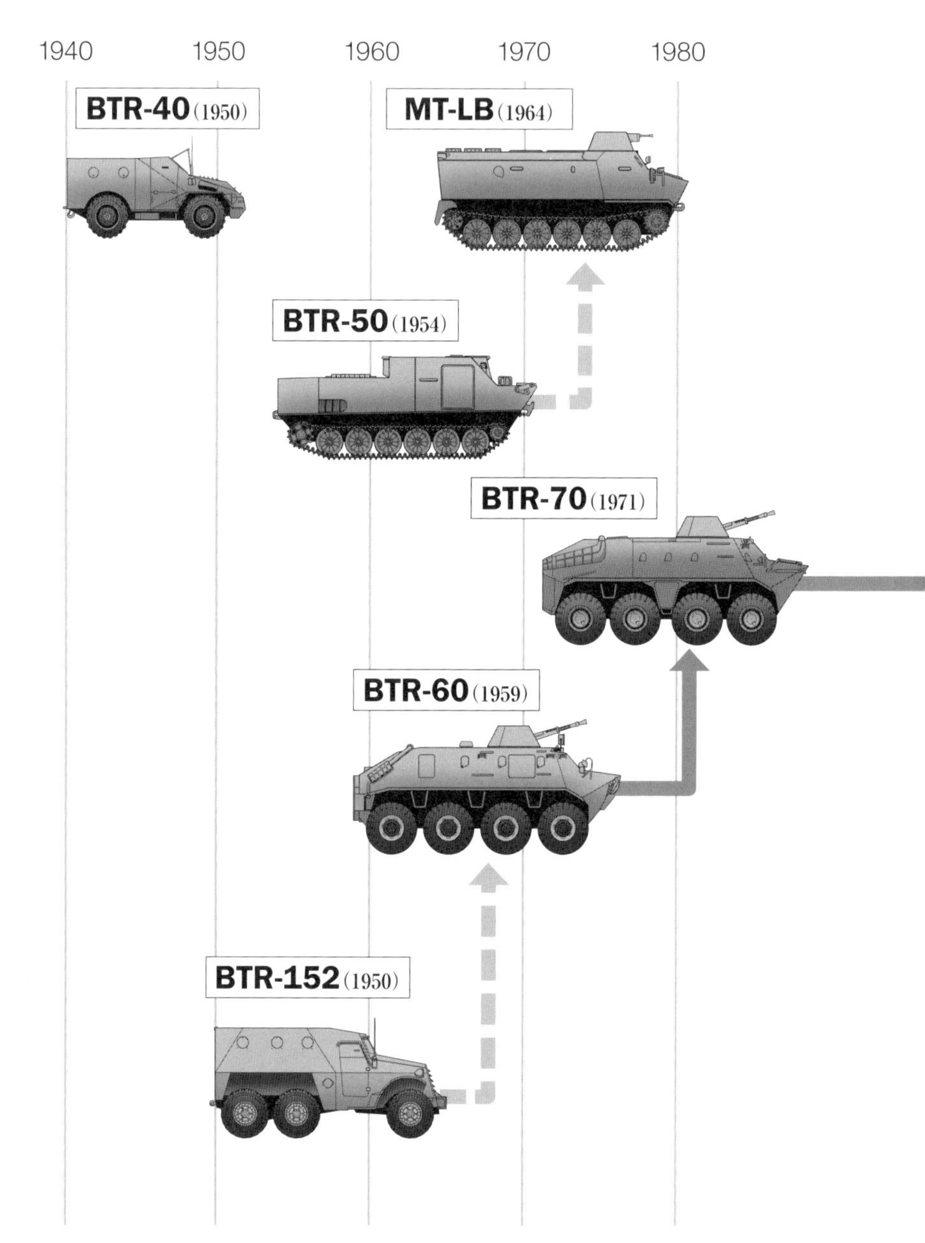

装甲兵員輸送車輌の系譜

■カッコ内は制式採用の年を示す。

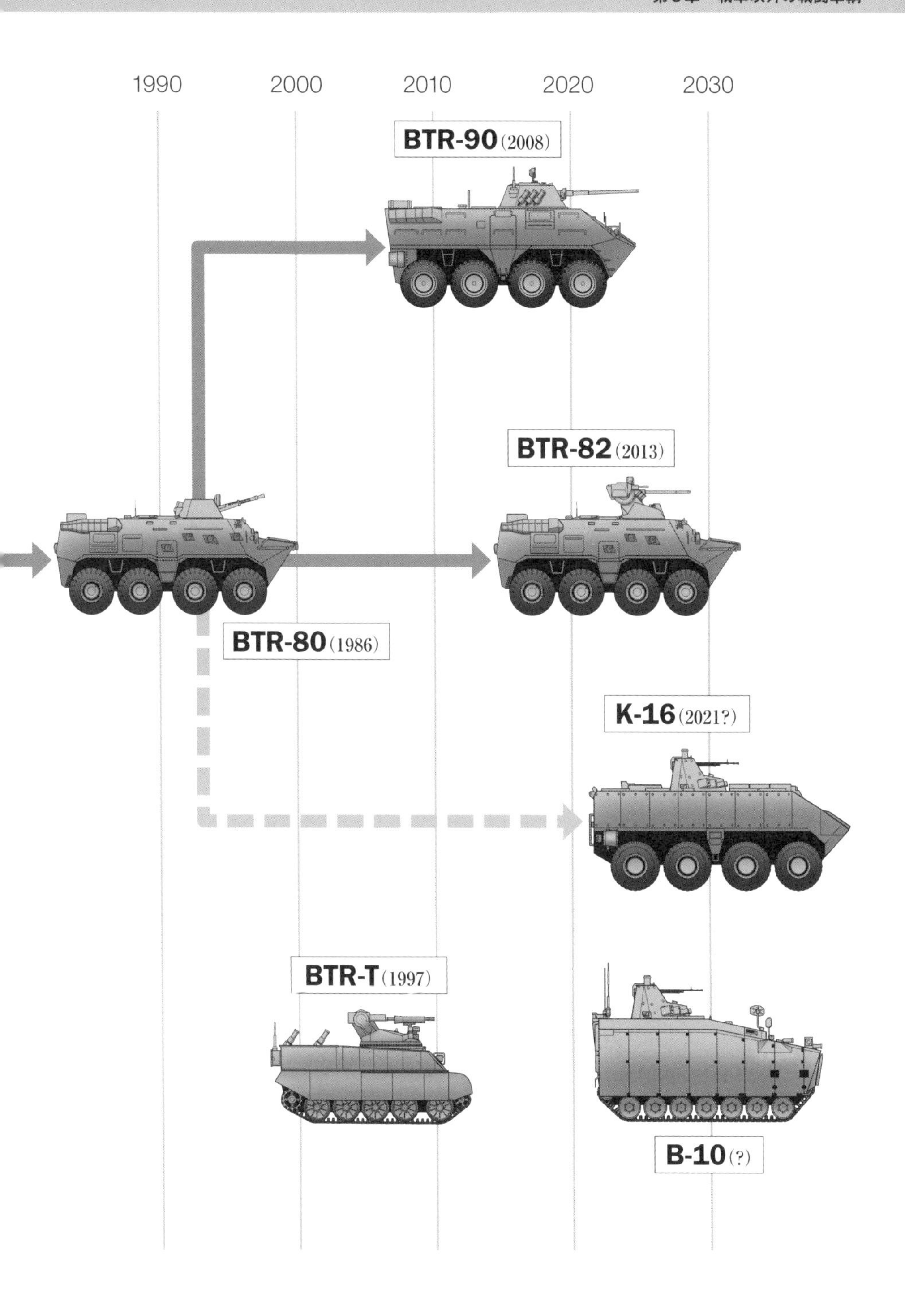
1990
2000
2010
2020
2030
BTR-90(2008)
BTR-82(2013)
BTR-80(1986)
K-16(2021?)
BTR-T(1997)
B-10(?)

3-3 歩兵戦闘車輌

■強力な固定武装と歩兵用の乗車戦闘装備 —— BMP

兵員輸送車輌の最大の問題点は、歩兵を戦場まで送り届けるだけの役割しかない、ということである。戦場に到着し、下車した瞬間から歩兵は“生身の人間”に戻る。生身になった歩兵が攻撃に脆弱であることは、装甲車輌が登場したころからわかっていたことではあるが、それに加えて冷戦期には核兵器使用可での戦争まで想定されるようになった。となると、「歩兵を乗車させたまま戦わせることはできないか」という発想が出てくる。こうした考えのもとに開発されたのが歩兵戦闘車輌であり、世界初の歩兵戦闘車輌がソヴィエトの「БМП［*BMP*］」である［※3］。БМПとは「Боевая（戦闘）Машина（機械）Пехоты（歩兵）」の略である。新たな発想のもとに登場した歩兵戦闘車輌は、のちに各国でも開発され、戦闘車輌として確固たる地位を占めるようになる。

◇強力な武装

さて、乗車戦闘を可能とするため、以下の点で兵員輸送車輌と異なる。第1の相違点は73㎜低圧滑腔砲と対戦車ミサイルという強力な固有武装を搭載していることである。この砲は歩兵携行用の無反動砲を車載型に改修したもので、一般的な砲弾ではなくロケット弾（発射後に弾体内のロケットで推進する）を発射する。この砲のため一人用砲塔が設けられ、そのなかに砲手が着座する。人員が砲手のみであるため自動装填装置が搭載されたが、のちに砲弾の種類が増えたことで、複数弾種の選択ができない自動装填装置は撤去され、砲手自ら装填する方式となった。また、73㎜砲と同軸に7.62㎜機関銃も搭載している。

搭載する対戦車ミサイルは、3-2節冒頭で述べた“第4次中東戦争でイスラエル戦車を滅多打ちにした”9K11（ミサイル本体は9M14［※4］）で、73㎜砲の上に沿って設けられたレールに本体剥き出しで設置される。発射は車内から操作できるが、再装填の際には砲手が車外に半身を出して作業しなくてはならない。9K11は有線指令誘導式 —— つまり、操作員が目標とミサイルの両方を照準器上で捉えた上で、信号線で繋がったミサイルをジョイスティックで操作して命中させる方式で、精度は“人間の腕次第”であった。9K11の愛称は「マリュートゥカ（Малютка、赤ちゃん）」である。

※3：一般的に「BMP-1」と呼ばれているが、これは後継の「BMP-2」、「BMP-3」と区別するために用いられるようになった呼び名であり、もともとの正式名称は「BMP」である。
※4：「9K11」はミサイルや発射機を含めたシステム全体の名称。「9M14」はミサイル本体のみを指した名称。

BMP

強力な73㎜低圧滑腔砲を砲塔に備える。なお、後継のBMP-2では高仰角をとれる30㎜機関砲となった。

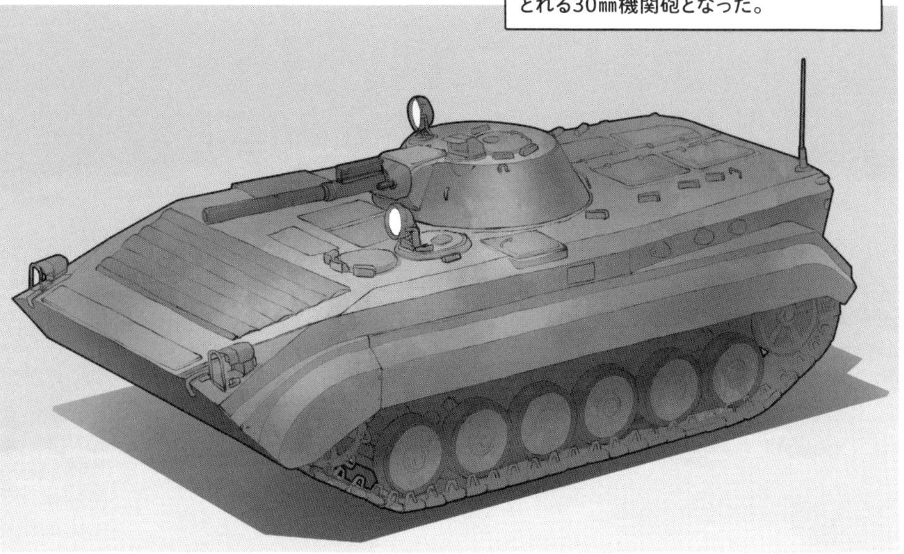

世界初の歩兵戦闘車輌であるBMPは強力な73㎜低圧滑腔砲と、歩兵用の銃眼を備え、歩兵を乗車させたまま高い戦闘能力を発揮する。歩兵は背中合わせになった2列シートに座り、下車戦闘時には後部ハッチから展開した。

BMPの最終生産型では9K11に替えて9K111-1（ミサイル本体は9M113）を搭載するようになり、こちらは照準器に目標を捉えるだけでミサイルの操作はコンピューターがやってくれる方式（半自動指令照準線一致誘導方式）となる。ジョイスティックでミサイルを操作する必要がなくなったが、照準器が車外となったので発射時に砲手がハッチから身を乗り出さねばならなくなった。9K111-1の愛称は「コンクルース（Конкурс、コンクール）」である。9M14、9M113の貫徹力は、それぞれ圧延鋼板（RHA）換算で400㎜と500㎜で、セラミック装甲を実装する前の戦車であれば正面からでも撃破できた。

◇歩兵の乗車戦闘

第2の相違点は、歩兵が車内から射撃できる銃眼とペリスコープ（車外視察装置）が設けられたことである。そのため、歩兵は背中合わせの2列シートに、それぞれ左右の側面方向を向いて着座している。これによって、歩兵を下車させない状態で戦闘能力を持たせることができた。もちろん、歩兵は下車して戦闘することも可能で、そのためのハッチが車体後方に設けられている。この点で、下車戦闘の面でもBTR-60系列より優れていると言える。ハッチは2列シートにあわせて左右2枚に分かれており、また左右のシートそれぞれに2枚ずつの天井ハッチもある。下車戦闘の場合は、小銃分隊長を兼ねる車長が下車して指揮を執り、車輌は砲手が指揮を担う。後部ハッチを設けるため、エンジンは車体前部右側に配置され、その横に操縦手席が設けられた。操縦手の後方が車長席、その後方が砲塔、そして歩兵の兵員室となる。この配置のうち、車長席を砲塔内に移したものが、のちに世界の歩兵戦闘車輌の標準的人員配置となった。

BMPの正面装甲は、500 mの距離で23㎜弾、100 mの距離で20㎜弾に耐えられるようになっているが、側面や背面の装甲は7.62㎜弾に耐える程度でしかない。また、BTR-60系列同様に浮航性はあるが、ウォータージェットは搭載されておらず、履帯を動かすことで水中推進力を得る。

■高仰角の機関砲を主兵装に —— BMP-2

BMPは画期的な戦闘車輌ではあったが、初めて開発されたものだけに実際に使ってみると改良が必要な点も出てきた。その最たるものが73mm低圧滑腔砲であった。一見強力に見えるこの砲は、命中精度が低く有効射程が短い。そして仰角を大きくとれないことが意外に問題となった。そこで砲を30mm機関砲に置き換えた改良型が開発された。「БМП-2［BMP-2］」である。この兵装換装は大成功で、非常にバランスの取れた歩兵戦闘車輌が誕生した。このあとに登場する西側の歩兵戦闘車輌も、同程度の機関砲を主兵装としていることからも、同車輌の成功が伺えるだろう。

BMPで得られた教訓をもとに30mm機関砲を装備したBMP-2（写真：多田将）

■設計を一新した重装備車輌 ―― BMP-3

BMP／BMP-2から設計を一新した歩兵戦闘車輌が、「БМП-3［BMP-3］」である。BMP-3では、BMP／BMP-2の“いいとこ取り”をして、100㎜滑腔砲、30㎜機関砲、7.62㎜機関銃の3つの兵装を同軸に装備し、2人（車長・砲手）用砲塔に収めている。対戦車ミサイルは、100㎜滑腔砲から発射する。

歩兵戦闘車輌としては異例の重兵装であり、そのため車体が大型化した。ソヴィエト車輌特有の浮航性を持たせるべく重量バランスを考慮した結果、エンジンは後部配置となった。兵員室はエンジンの前にあり、ハッチを後部に設けたため、歩兵は下車する際にハッチまでエンジンの上を歩いていくことになった。これを可能とするため、搭載するV型エンジンはバンク角（気筒間の角度）を大きく（144度）して全高を抑えたが、それでもなお高いエンジンの上の“廊下”を通るため、この部分の天井を左右側面側に開くようにして“側面からの防護を保った状態で”後部ハッチから下車できるようにした。なお、この開閉式天井には、さらに小さなハッチが設けられている。

■統一戦闘プラットフォームを土台とした新世代車輌群

21世紀に入り、前節で述べた「統一戦闘プラットフォーム」のうち、軽装軌プラットフォームを用いて、BMP系列の後継車輌が開発された。軽装軌プラットフォームは「クルガニェツ25（Курганец-25、クルガン工場製25ｔ車輌の意味）」と呼ばれ、ここから歩兵戦闘車輌「Б-11［*B-11*］」と兵員輸送車輌「Б-10［*B-10*］」が開発された。

両者の違いは、主に砲塔に搭載された兵装で、B-10が12.7㎜機関銃なのに対して、B-11は30㎜機関砲と4発の対戦車ミサイルを搭載している。砲塔そのものは、どちらも無人（車内より遠隔操作）で、B-11搭載のものは「ブメランクBM（Бумеранг-БМ）」と呼ばれている。この名前でピンときた人もいるだろうが、前節の「ブメランク」歩兵戦闘車輌型K-17と共通の砲塔である。

前節で戦車の車体を利用した重兵員輸送車輌BTR-Tについて述べたが、これと同様の発想で、戦車の車体と走行装置を利用した重歩兵戦闘車輌も開発された。T-14戦車と共通の重装軌プラットフォーム「アルマータ」をベースとした「T-15［*T-15*］」だ。

T-14と共通車体とは言え、中身はごっそり変わった。T-14が戦車標準のエンジン・

БМП-3

BMP-3

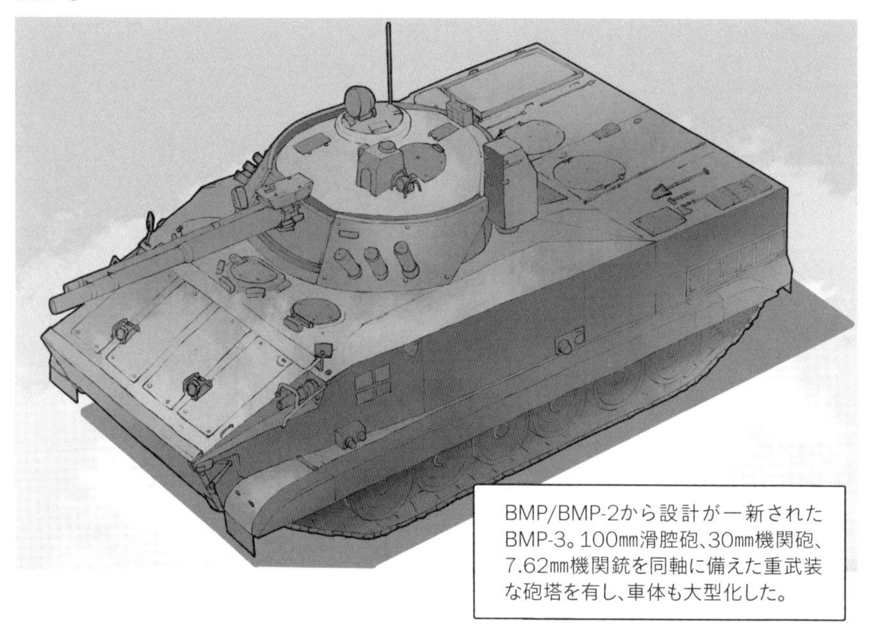

BMP/BMP-2から設計が一新されたBMP-3。100㎜滑腔砲、30㎜機関砲、7.62㎜機関銃を同軸に備えた重武装な砲塔を有し、車体も大型化した。

浮航性確保のためエンジンを車体後部に置いたことで、歩兵は下車するとき、一段高くなったエンジンの上を通らねばならなくなった。

起動輪後部配置なのに対して、T-15は歩兵戦闘車輌標準のエンジン・起動輪前部配置となっている。エンジン後方にT-14のような車長・砲手・操縦手が横に並んだ乗員区画があり、その後方上部に砲塔を配置している（T-15もブメランクBM砲塔を装備）。そのため、砲塔が車体後部に寄った特徴的なシルエットとなっている。砲塔の下が兵員室［※5］で、車体後部に1枚扉の大型ハッチを備える。

このように、歩兵戦闘車輌の使い勝手とBTR-Tの重装甲を兼ね備えた車輌であり、歩兵戦闘車輌としては理想的とも言える。文句なしに世界最強の歩兵戦闘車輌だ。ただ、やはり高価であるためか、T-14同様、T-15の配備も進んでいない。ウクライナ戦争が勃発した今となっては、なおさら、このような高価な新型車輌を調達するよりも、既存の車輌の増産を優先させることだろう。

なお、「アルマータ」シリーズには戦車回収車輌「T-16［*T-16*］」も存在する。回収車輌は、どの国でも必ず戦車とセットで開発される。

※5：有人砲塔は操作人員を配置するため、砲塔の下にバスケットと呼ばれる構造があり、これが車内側に張り出している。無人砲塔は文字通り無人のため、この張り出しがなく、兵員室の空間を圧迫しない。

重装軌プラットフォーム「アルマータ」の歩兵戦闘車輌型であるT-15。写真は
2017年に公開された57mm機関砲を搭載したタイプ（写真：綾部剛之）

軽装軌プラットフォーム「クルガニェツ25」より、歩兵戦闘車輌型のB-11。75ページに掲載したK-17と同じ砲塔である
（写真：CRS@VDV）

■歩兵に替わって戦車を支援する —— BMPT

世界最強の歩兵戦闘車輌に乗っていようとも、下車してしまえば脆弱な歩兵となることは、どうしようもない。そこで発想の転換をして、まったく新しい種類の車輌が開発された。「下車すると脆弱になるなら、下車しなければいいじゃない」——この考えのもと開発されたのが「БМПТ［*BMPT*］」だ。

この車輌の考え方は「生身の兵士を下車させず、完全に乗車したままで戦車を支援する」というものである。そのため、歩兵戦闘車輌というより、戦車支援車輌と呼ぶべきもので、実際БМПТとは「戦車支援戦闘車輌（Боевая Машина Поддержки Танков)」の略である。

BMPTは、T-72戦車の砲塔を30㎜機関砲2門と対戦車ミサイル4発を搭載した無人砲塔に載せ替え、さらに車体前方中央に座る操縦手の両側に、増設された擲弾筒を操作する兵員を乗せたもので、合計5人の乗員［※6］は一切下車しないで戦闘を行う。

アフガニスタン紛争（1979～1989年）と二度にわたるチェチェン紛争（1994～1996年と1999～2009年）の対ゲリラ戦で大きな損害を出したロシアは、その教訓を活かして様々な戦術や新兵器を考案した。そのひとつがBMPTというわけだ。BMPTの機関砲は、アフガニスタンやチェチェンで高所にいる敵を攻撃するのに対空自走砲が大活躍した、という戦訓から、高仰角で射撃でき、かつ、発射速度を上げるために2門並べて配置したものを搭載している。なお、BMPTの愛称は「テルミナートル（Терминатор、ターミネイター)」である。

BMPTはカザフスタンでは採用されたが、ロシアでは採用されず、より洗練された改良型のテルミナートル2が採用された（2018年）。ロシアでは、まず少数（9輌）のテルミナートル2を戦車部隊に編入して試験運用を開始した。当初は、野戦では戦車2輌に対してテルミナートル2を1輌、市街戦では戦車1輌に対してテルミナートル2を2輌、という組み合わせで運用することを考えていたようだが、これらはウクライナ戦争にも投入されているため、実戦を経てどのような評価が下されるか、注目である。

※6：砲塔下に位置する車長と砲手、操縦手、車体左右の兵装を操作する兵士2名の合計5名。

БМПТ
BMPT

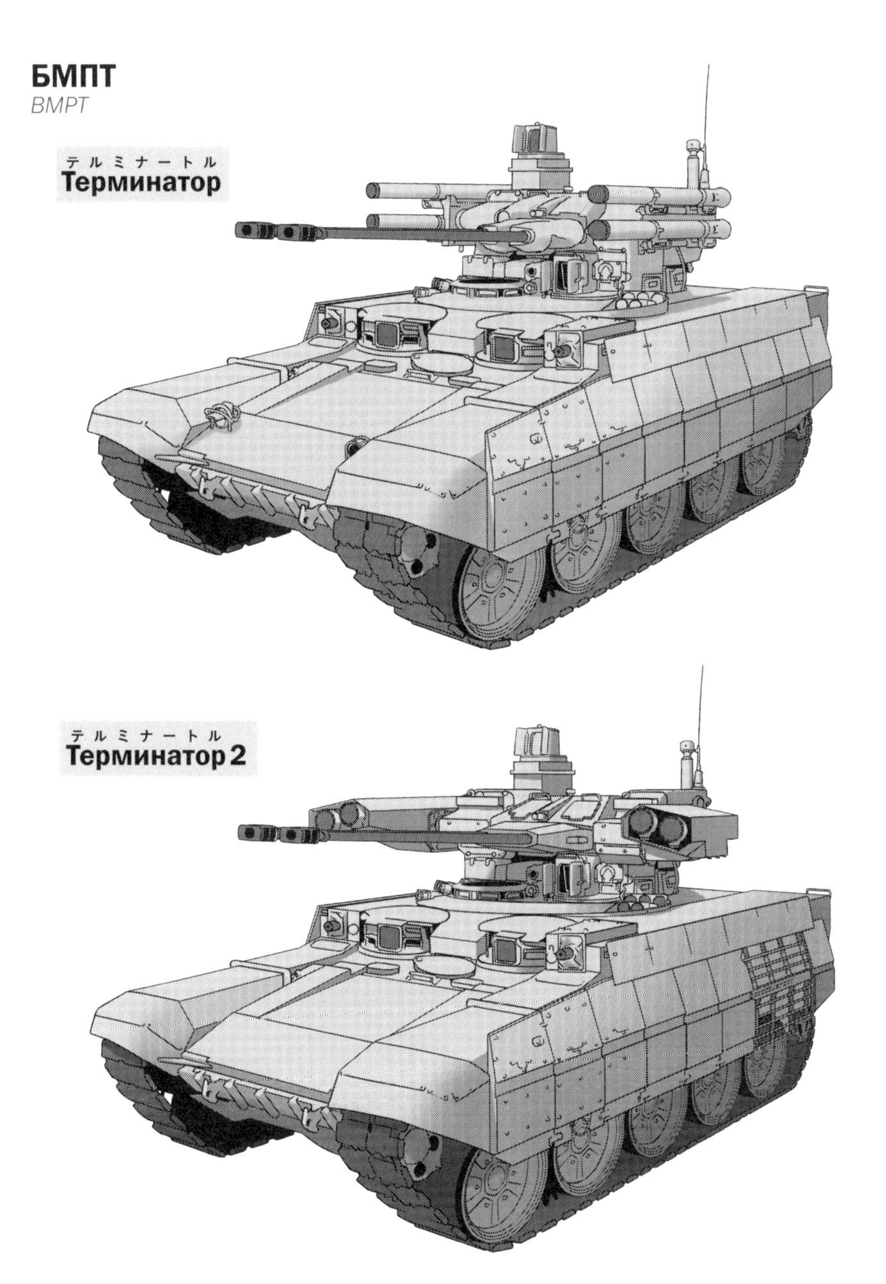

砲塔には30㎜機関砲2門と同軸の7.62㎜機関銃、および対戦車ミサイル4発を搭載する。またT-72をベースとした車体にも、30㎜擲弾筒を左右に1門ずつ(合計2門)を備える。「テルミナートル2」は、砲塔がより洗練されたデザインとなった。

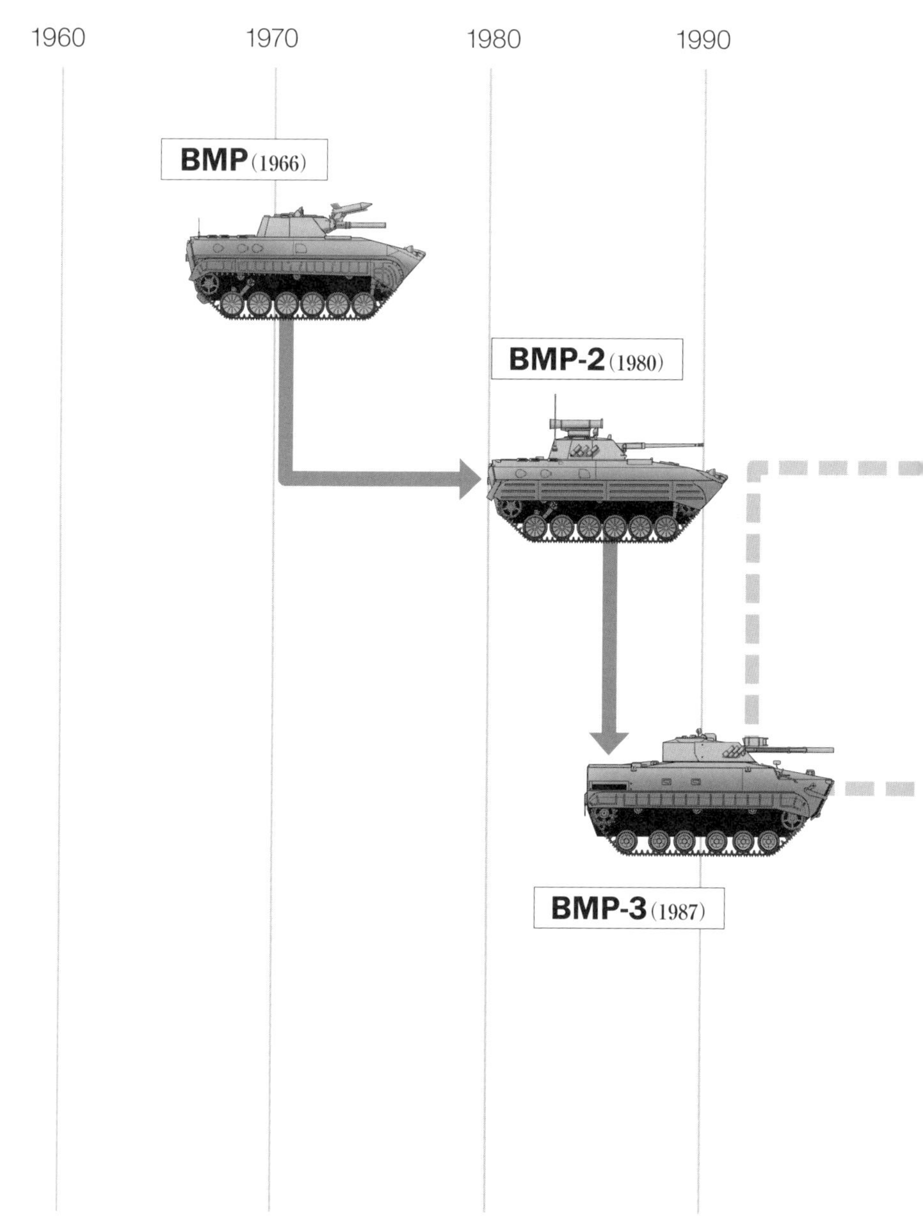

歩兵戦闘車輌の系譜

■カッコ内は制式採用の年を示す。

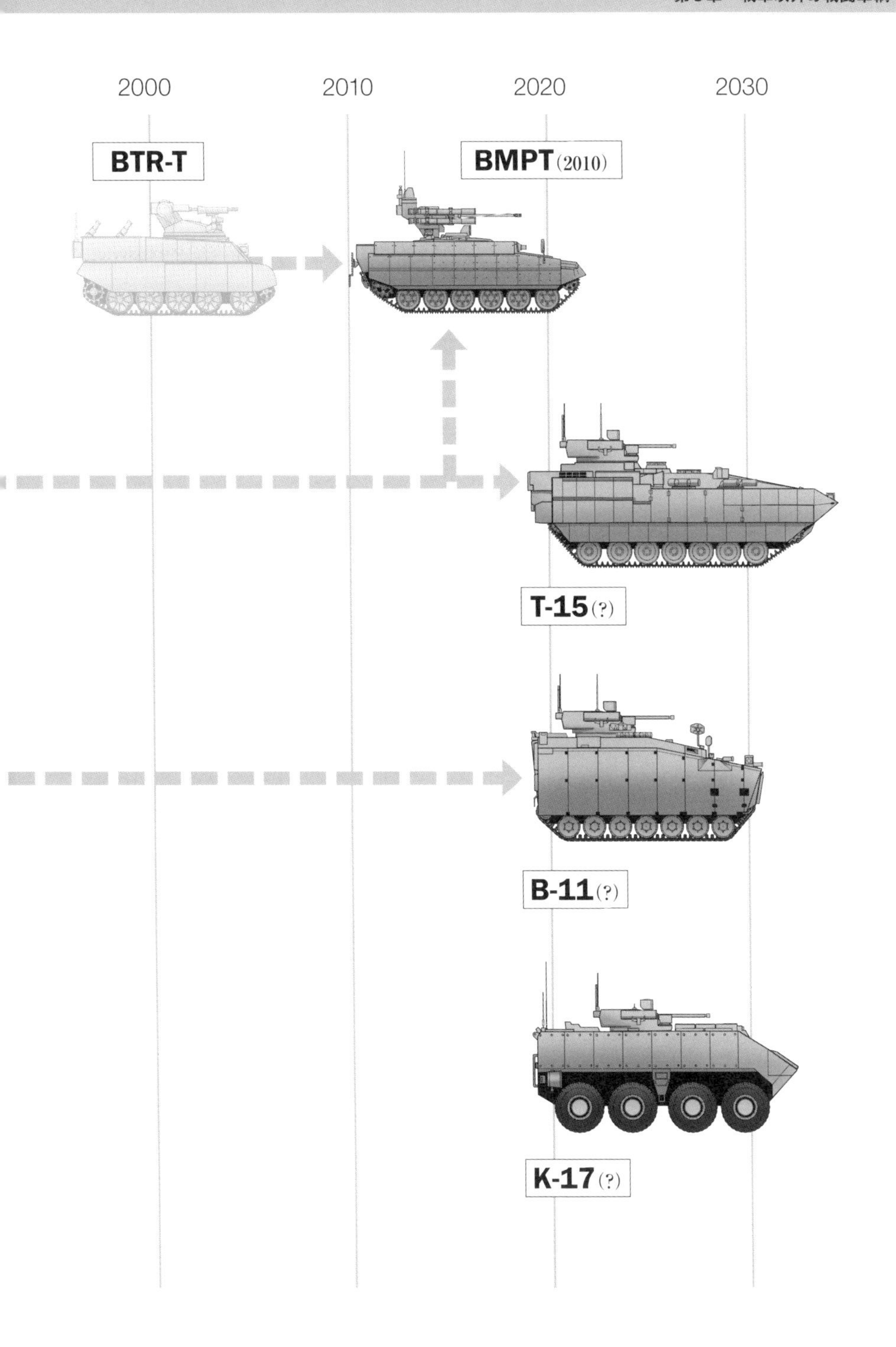
2000
2010
2020
2030
BTR-T
BMPT(2010)
T-15(?)
B-11(?)
K-17(?)

3-4 空挺戦闘車輌

■空から降下する戦闘車輌

機甲戦力による突破と並んで縦深作戦理論の要点となるのが、敵の後方を空挺部隊によって遮断することである。世界の多くの軍隊で、空挺部隊は機動力こそ高いが戦車・装甲車輌などの重装備を持たない軽歩兵部隊として編成されている。しかしソヴィエト軍の場合、空挺部隊は敵の重部隊（重装備を有した部隊）と交戦する可能性が考慮されており、そのため他国には見られない重装備を保有していることが特徴である。具体的には、装甲戦闘車輌を多数揃えているのだ。加えて、それらの車輌は航空機から落下傘降下できるという、きわめて特殊な機能も備えている。

それらのなかで、まずは空挺戦闘車輌についてお話ししよう。これは前節の歩兵戦闘車輌の空挺版である。それゆえ、BMPの各ヴァージョンに対応した空挺戦闘車輌が開発されている。この空挺戦闘車輌は「БМД［*BMD*］」と呼ばれる。これは

歩兵戦闘車輌（BMP）の空挺版がBMDシリーズであり、BMDはBMPの車体を航空機に搭載できるよう小型化した設計となっている（砲塔は同じ）。BMD-2は、BMP-2の30㎜機関砲塔に換装された。

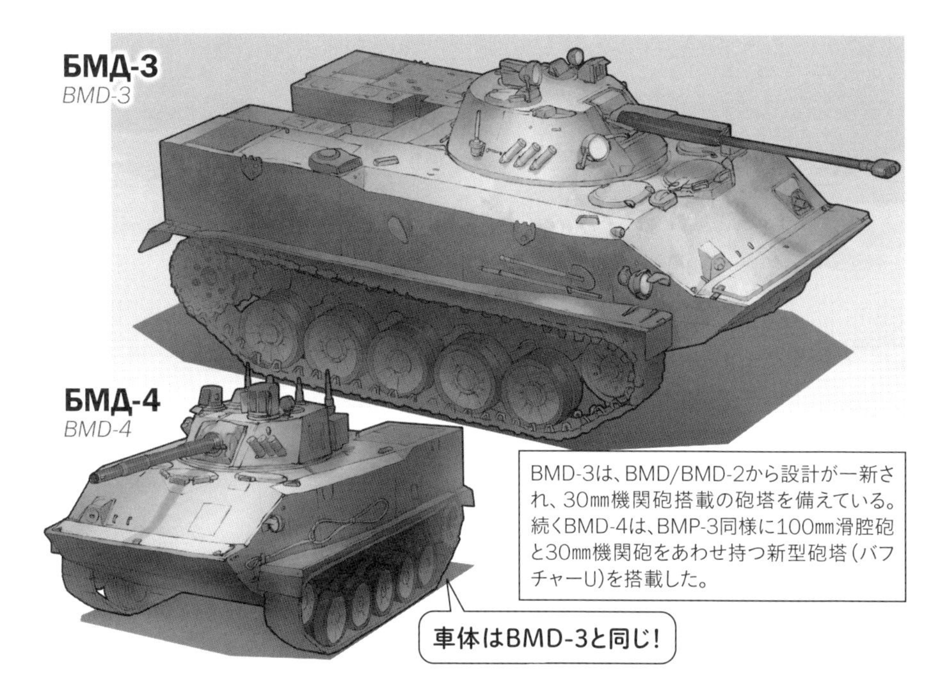

「Боевая（戦闘）Машина（機械）Десанта（降下）」の略である。

BMPと比較したとき、砲と砲塔は同じだが、兵員室を中心に小型化されている。BMPに対応するのがBMD［※7］、BMP-2に対応するのが「БМД-2［*BMD-2*］」、BMP-3から100㎜砲を除いたものが「БМД-3［*BMD-3*］」、BMP-3に対応するのが「БМД-4［*BMD-4*］」となっている。エンジンの配置も、対応するBMPと同じになっている。また、空挺用の兵員輸送車輌としてBMDを改造した「БТР-Д［*BTR-D*］」という車輌も存在する。

なお、BMD-4はヴォルゴグラード・トラクター工場で開発されたが、制式採用直後に同工場が倒産したため本格生産に移行できず、クルガン機械製造工場が後を引き受けた。その際、更に改良が加えられ、「БМД-4М［BMD-4M］」となり、生産に移された。BMD-4Mは、エンジンがBMP-3のものになっている。

これら車輌は降下時、車輌と人員は別々に落下傘降下させ、地上で合流させるのが基本である。だが、乗車したままの降下も試験的には行われている。

※7：一般に「BMD-1」と呼ばれているが、前述のBMPシリーズと同じく後継車輌との区別のための呼び名であり、本来は「BMD」である。

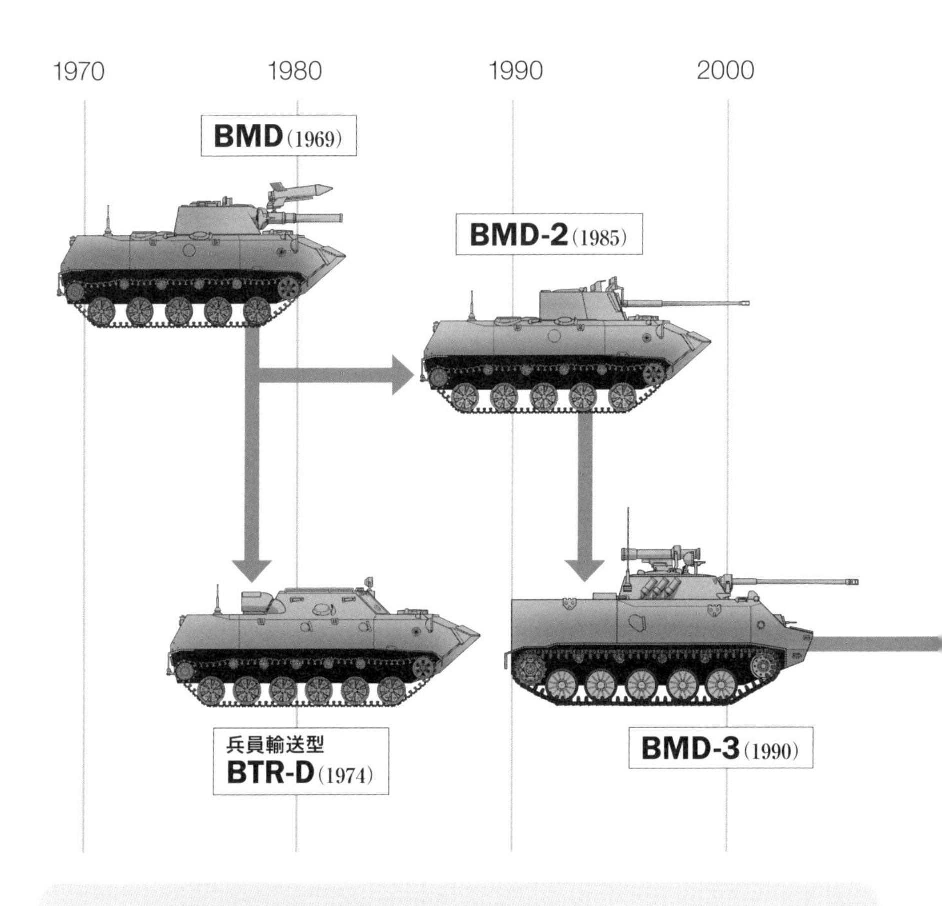

■歩兵戦闘車輌と空挺戦闘車輌の対応

空挺戦闘車輌「BMD」シリーズは、歩兵戦闘車輌「BMP」シリーズの空挺版であり、各タイプと対応関係にある。

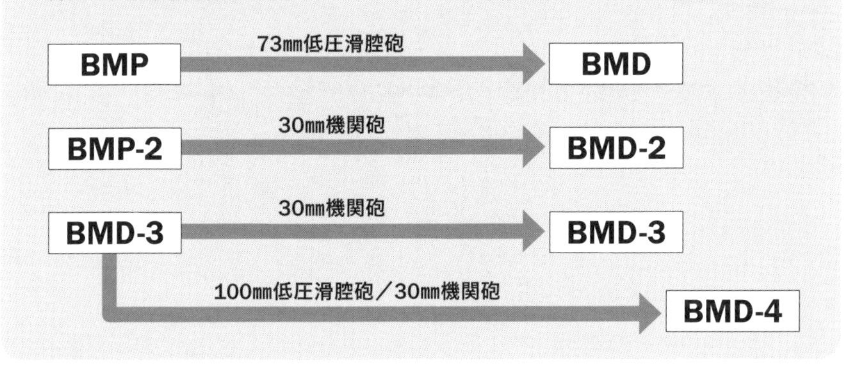

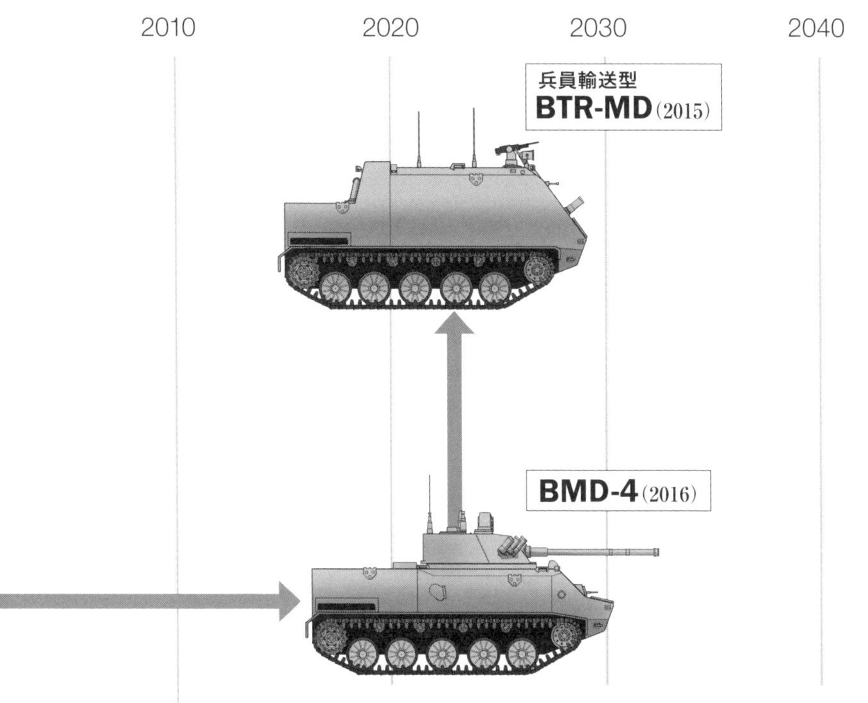

空挺戦闘車輌の系譜

■カッコ内は制式採用の年を示す。

BMDシリーズをベースに空挺兵員輸送車も開発された。BMDから生まれたのがBTR-D、BMD-4から生まれたのがBTR-MD／BTR-MDMだ。写真はBTR-MDM。天井が高い大型の車両で、車内スペースはBTR-Dより格段に広い（写真：CRS@VDV）

3-5 駆逐戦闘車輌

■強力な搭載火砲から“空挺戦車”とも言われる

空挺部隊が敵の戦車部隊と交戦するとき、こちらも戦車を装備するのが理想的だが、戦車はとても重いので落下傘降下をさせるのは難しい。そこで次善の策として対戦車砲の装備が考えられる。この対戦車砲は、牽引式だと部隊の機動力が損なわれるので、自走式が望ましい。この自走式の対戦車砲が、駆逐戦闘車輌である。これは一見すると戦車のようであるため、一部には「空挺戦車」と呼ぶ人もいるが、落下傘降下させるために装甲を薄くせざるを得ず、そのため第1章で述べたような戦車との撃ち合いは不可能であり、戦車として運用できるものではない。実際、ソヴィエトでも「戦車」ではなく「自走砲」として扱っている。

T-90戦車などに搭載されている125㎜滑腔砲（2A46）の低反動型（2A75）を備え、強力な装甲貫徹力を有している。しかし、車体の防御力は12.7㎜機関銃弾に耐える程度（正面および左右40度の範囲）しかないため、戦車ではなく対戦車自走砲なのである

■初期の空挺用駆逐戦闘車輌

最初の空挺用駆逐戦闘車輌は「АСУ-57［*ASU-57*］」である。これは「Авиадесантная（空挺）Самоходно-артиллерийская（自走砲）Установка（装備）」の略で、「57」とついているように、57㎜砲を搭載している。装甲は、正面でもわずか6㎜の厚さしかないうえ、戦闘室の天井はオープンだった。

ASU-57は驚くほどコンパクトで使い勝手は良さそうであるが、やはり57㎜砲では非力なため、より強力な85㎜砲を搭載した「АСУ-85［*ASU-85*］」が開発された。ASU-85は、（BTRがそうだったように）核戦争下での運用を考慮した結果、密閉式戦闘室となった。

■新世代の空挺用駆逐戦闘車輌

その後しばらくは、この種の車輌の開発は止まっていた。その理由は、対戦車兵器の主流が対戦車ミサイルに移行したためである（同時代、西側でも同様に対戦車ミサイルが重視された）。しかし、複合装甲が登場すると、対戦車ミサイルで使われる成形炸薬弾では戦車の主装甲を破ることが困難となり、運動エネルギー兵器である徹甲弾（APFSDS弾）がもっとも有効な対戦車兵器となる。

アメリカは対戦車ミサイルを超高速にすることで侵徹体の運動エネルギーを高めた兵器（「LOSAT」）の開発を試みたが、高価であることから開発中止となった。一方でロシアは、より保守的な手段で運動エネルギー式の対戦車兵器の開発を行った。それが「2С25［*2S25*］」である。その手段とは、既存のBMD-3の車体に、125㎜滑腔砲の砲塔を載せることだった。

2S25に搭載されている125㎜滑腔砲2A75は、T-64／T-72／T-80／T-90に搭載されている2A46の低反動型で、これらの戦車と同じ弾薬が使用できるため、貫徹力は戦車と同等である。駆逐戦闘車輌としては、世界最強の攻撃力を持つ。しかし、車体はあくまでもBMD-3であり、また専用設計の砲塔も、正面および左右40度の範囲で12.7㎜機関銃弾に耐えられるようにしか作られていない。だから、見た目は戦車でも、あくまで「対戦車砲を自走式にした車輌」なのである。

2S25は、2005年から2010年まで、先行生産という形で製造されていたが、改良のためにいったん生産が中止され、今後は改良型2S25Mの生産に移行する予定である。

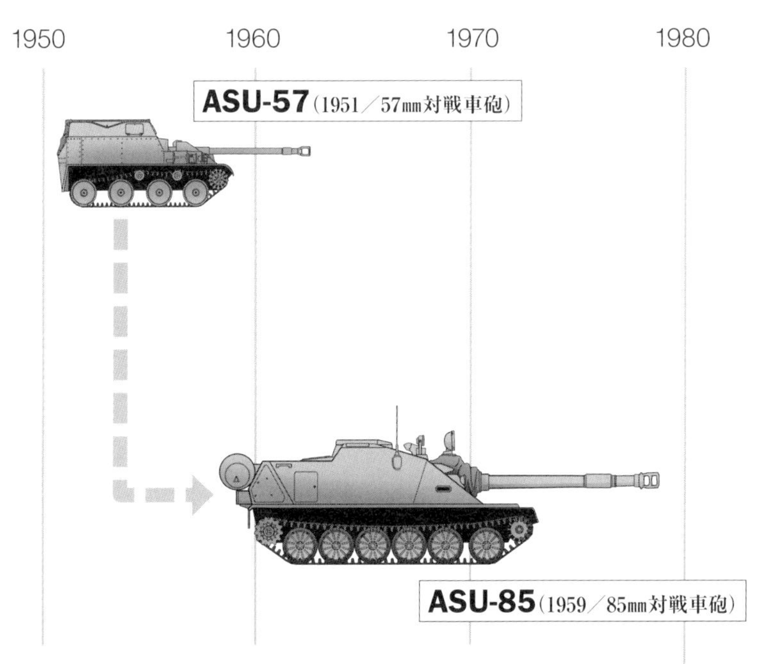

駆逐戦闘車輌の系譜

■カッコ内は制式採用の年、および搭載する砲の口径を示す。

ASU-85（右手前）とASU-57（左奥）。両者の大きさの違いがわかる（写真：マガタマ）

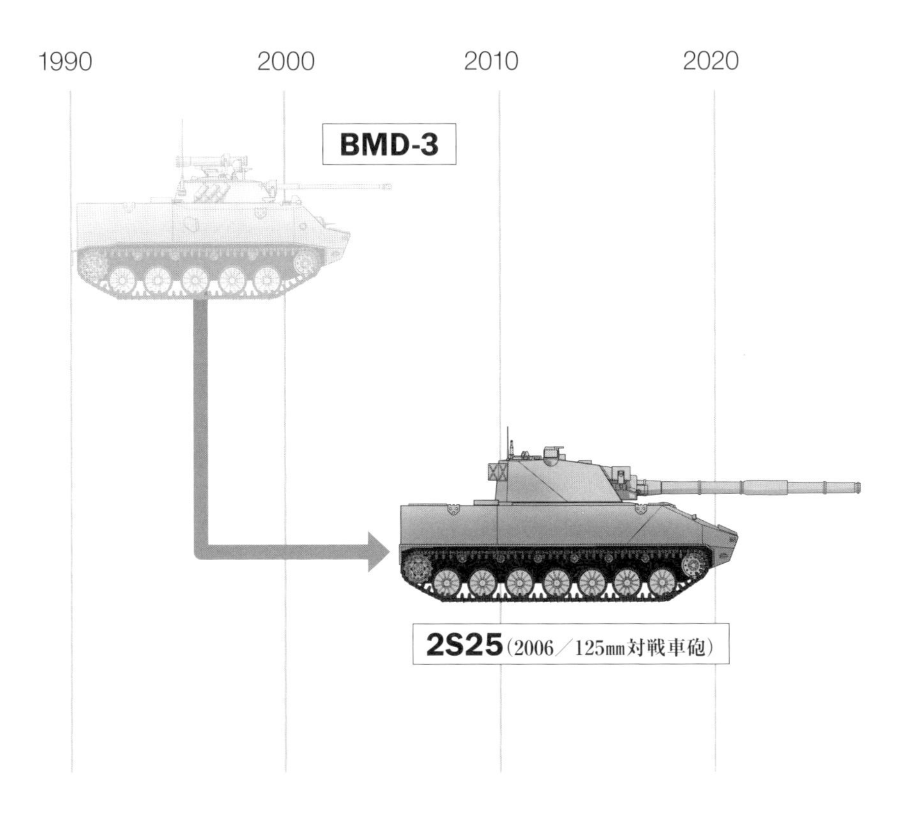

125㎜滑腔砲の射撃を行う2S25（写真：鈴崎利治）

各国の戦闘車輌の分類

世界にはさまざまな戦闘車輌があるが、当然ながら国によってその分類は異なる。以下の表は現代のロシア連邦、ドイツ連邦、アメリカ合衆国で、それぞれ戦闘車輌が何と呼ばれているかをまとめたものだ。各国語の下の日本語は、その直訳である。

◇各国の戦闘車輌の呼称

車輌	ロシア
戦車	Основной Боевой Танк 主力戦闘戦車
歩兵戦闘車輌	Боевая Машина Пехоты 戦闘車輌、歩兵用
兵員輸送車輌	Бронетранспортёр 装甲輸送車輌
装甲偵察車輌	Боевая Разведывательная Машина 戦闘偵察車輌
駆逐戦闘車輌	Противотанковая Самоходная Артиллерийская Установка 対戦車自走式砲装備
装甲指揮車輌	Командно-Штабная Машина 指揮要員車輌
自走式榴弾砲	Самоходная Артиллерийская Установка 自走式砲装備
自走式対空砲	Зенитная самоходная установка 自走式対空装備
戦車回収車輌	Бронированная Ремонтно-Эвакуационная Машина 装甲修理撤去車輌
架橋戦車	Танковый Мостоукладчик 戦車架橋車輌
戦闘工兵車輌	Инженерная Машина Разграждения 工兵機械、障害物撤去
装甲救護車輌	Бронированная Медицинская Машина 装甲医療車輌

※:ドイツ語について、すべての単語において車輌を表わす「wagen」が省略されている（現代のドイツでは通常、省略されるため）。

ドイツ	アメリカ
Kampfpanzer	Main Battle Tank
戦闘装甲車輌	主力戦闘戦車
Schützenpanzer	Infantry Fighting Vehicle
掩護装甲車輌	歩兵戦闘車輌
Transportpanzer	Armored Personnel Carrier
輸送装甲車輌	装甲兵員輸送車輌
Spähpanzer	Cavalry Fighting Vehicle
斥候装甲車輌	騎兵戦闘車輌
Jagdpanzer	Tank Destroyer
駆逐装甲車輌	戦車駆逐車輌
Führungspanzer	Command Post System Carrier
指揮装甲車輌	指揮システム運用車輌
Panzerhaubitze	Self-Propelled Howitzer
装甲榴弾砲	自走式榴弾砲
Flugabwehrpanzer	Self-Propelled Anti-Aircraft Gun
対空防御装甲車輌	自走式対航空機砲
Bergepanzer	Armored Recovery Vehicle
救難装甲車輌	装甲回収車輌
Panzerschnellbrücke	Heavy Assault Bridge
装甲即席橋	重強襲橋
Pionierpanzer	Combat Engineer Vehicle
工兵装甲車輌	戦闘工兵車輌
Sanitätspanzer	Medical Vehicle
衛生装甲車輌	医療車輌

狙撃兵？
ソヴィエト軍歩兵の呼び方

■正しい訳語は「ライフル兵」

ソヴィエトの歩兵部隊を表わすとき、日本語では「自動車化狙撃兵師団（ないし連隊、大隊etc.）」のように「狙撃兵」という言葉が使われてきた。しかし、これは誤訳である。オリジナルの表記は「мотострелковая ～」で、これは、мотор（エンジン、自動車）とстрелковое（小銃、ライフル）を組み合わせた単語であり、「自動車化小銃（ライフル）～」と訳すのが適切だろう。実際、英語では「motor rifle ～」と訳されている。ようするに小銃を持った、普通の歩兵のことを指している。アメリカ軍でも歩兵部隊は「ライフル分隊、ライフル小隊…」と表現される。

なぜソヴィエト軍では「狙撃兵」と訳されたのかについては、その訳者の頭の中まではわからないが、「ライフル、すなわち狙撃」と勘違いしてしまったのではないだろうか。しかし、近代的な軍隊では、ライフル兵と狙撃兵は別物である。ちなみにロシア語で「狙撃兵」は「снайпер（スナイペル）」である。

最初に訳した人が間違えたのは仕方ない。しかし、改めて実態を考えてみるに、それが現実に即していない訳語であるとわかった場合には、「昔からそう言ってきたから」と言わずに、柔軟に修正すべきではないだろうか。本書の本文中では、これまで「狙撃」の語が充てられてきた部隊名について「小銃」の語を用いる（例：「自動車化小銃大隊」）。

写真：Ministry of Defence of the Russian Federation

第4章
自走式火砲

写真：Ministry of Defence of the Russian Federation

砲兵火力を重視したソヴィエト

2022年2月から始まったウクライナ戦争の緒戦で、ウクライナ軍はキエフ(キーウ)方面のロシア軍を撃退して首都を守り切り、見事な勝利を飾った。その戦いについての分析を、英国のシンクタンクRoyal United Services Instituteが論文『Preliminary Lessons in Conventional Warfighting from Russia's Invasion of Ukraine: February–July 2022』（2022.11.30発表）にまとめている。

分析によれば、キエフ戦線で怒涛のロシア軍を喰い止めた最大の功労者が、砲兵部隊であったことが述べられている。このとき活躍したのが、旧ソヴィエト連邦製の火砲たちである。ソヴィエト連邦は先述した縦深作戦理論もあって、砲兵火力を重視していたことで知られている。

本章では、これら砲兵部隊が運用する野砲のなかでも、自走式のものについて解説する。

4-1 縦深作戦理論と長射程火器

■敵戦線の奥深くを打撃する長射程火器

戦車／歩兵部隊による正面突破と、空挺師団による敵後方の遮断に続いて縦深作戦理論を支える三本柱の残り一つは、あらゆる深さの敵陣営に対する同時攻撃である。これを可能とするには、さまざまな射程の長距離攻撃兵器を同時使用することだ。ここではそうした長距離攻撃兵器のなかでも陸上兵器である火砲とロケットについてお話しよう。

まず、火砲についてお話しするが、ここで言う砲とは戦車砲のような直射砲ではなく、山なりの弾道を描く曲射砲（榴弾砲）のことである。戦車砲であろうと榴弾砲であろうと、砲弾は地球の重力に引かれて楕円軌道を描くのであるが、この軌道は“徐々に落ちていく”軌道なので、より遠方まで届かせようとすると、落ちる分を考慮して高く打ち上げることになり、結果として山なりになる。戦車砲も、射程が短く高速なので水平に飛翔しているように見えるが、実際には少しだけ山なりに飛んでいる。なお、地球の丸さを意識しなくてもよい程度の射程であれば、地球は平らであると仮定しても誤差は小さくなり、この場合は放物線で近似できる。

自走榴弾砲／多連装ロケットの射程と担当範囲

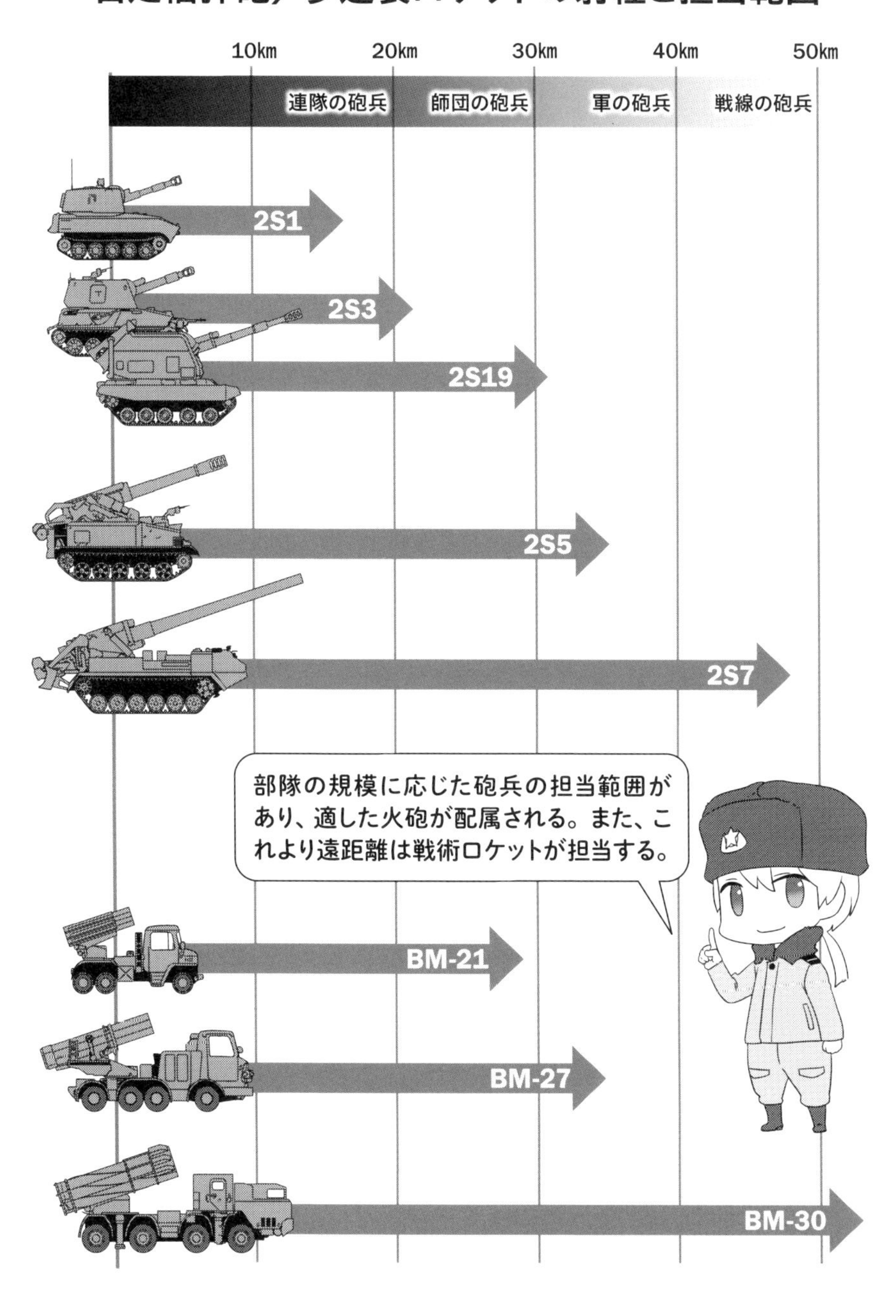

■射程ごとに複数の口径を運用

全縦深同時砲撃を実施するため、ソヴィエト連邦では歴史的に大量の火砲を配備し、他国と同様にまず牽引式の火砲から配備した。しかし、地上部隊の移動速度が向上してくると、それに追随する速度が求められるようになり、目的地に到着次第、速やかに射撃し、射撃後にも速やかに移動できる自走砲が普及してくる。

また、ソヴィエトの火砲は数だけでなく射程のヴァリエイションも豊富で、たとえばアメリカではM109に、ドイツではPzH2000に、それぞれ自走砲は統一されているが、ソヴィエト（およびロシア）では異なる射程の火砲を同時配備している。105ページの図に火砲（自走砲）と多連装ロケット発射機（詳しくは4-4項）の担当する砲撃範囲（距離）を示す。それぞれ、連隊が装備する短射程の火砲、師団が装備する中射程の火砲、軍が装備する長射程の火砲、戦線[※1]が装備する超長射程の火砲——と、軍の編制の階層ごとに多様な火砲を装備している。また、自走砲の系譜図（112～113ページに掲載）では、縦に4列並べているが、この階層ごとの系列を示している。

この方法は、敵に打撃を与えるという面では理想的ではあるが、複数の弾薬などを供給する体制を整えなければならず、ソヴィエト連邦軍という巨大な戦闘システムだからこそできた方法とも言える。

写真：Ministry of Defence of the Russian Federation

※1：ここで言う「戦線（Фронт）」とは部隊単位。戦時において複数の「軍」を統括する組織であり、日本の書籍では「方面軍」と訳されることもある。本書では直訳の「戦線」表記に統一する。なお、平時において複数の「軍」を統括する組織は「軍管区」で、こちらが固定された地域を管轄するのに対して、「戦線」は戦闘の進展によって管轄地域が随時変化する。

4-2 自走榴弾砲

■四段階で運用された自走榴弾砲 ── 2S1／2S3／2S5／2S7

それでは各自走砲について解説しよう。ソヴィエト連邦で本格的な自走榴弾砲が配備されたのは意外に遅い。これは1950 ～ 60年代に最高権力者であったフルシチョフ第一書記のミサイル重視の思想も大いに影響している。前述の各射程の自走砲が登場するのは1970年代に入ってからで、ほぼ同時期に配備が始まっている。短射程のものから順に、2S1、2S3、2S5、2S7と、奇数ナンバーで規則正しく番号が割り振られているのが美しい。

◇2S1

もっとも射程の短い連隊砲である「2С1［*2S1*］」は、35口径122㎜榴弾砲2A31を搭載し、車体はMT-LB（3-2節参照）のものを利用している。MT-LBは砲兵牽引車輌なので、牽引していた榴弾砲を車体に載せた、とも言える。他の車輌と

2S1（写真：多田将）

同じく核戦争下での運用も考慮し、砲塔は密閉式となっている。2S1は使い勝手のよい自走砲で、現場からも好まれて10,000輌以上が生産された。

◇2S3

2S1に次いで射程の長い師団砲である「2C3［*2S3*］」は、28口径152mm榴弾砲2A33を搭載している。馴染みのある西側標準の砲口径155mmに対して、152mmという口径は中途半端な数字に思われるかもしれないが、インチに換算すると155mmが6.1インチという半端な数字なのに対して、152mmは6.0インチと切りがよい。

◇2S5

さらに長射程の軍砲である「2C5［*2S5*］」は、口径こそ2S3と同じ152mmであるが、長砲身の47口径榴弾砲2A37を搭載している。この砲は巨大なため、密閉式砲塔ではなくオープンな状態で車体に載せられているが、砲尾（砲の後端）を車体後端ギリギリまで下げて配置しているにもかかわらず、それでも砲口は車体前端より前に飛び出している。

◇2S7

もっとも射程の長い「2C7［*2S7*］」は、55口径203mm榴弾砲2A44を搭載する世界最大の自走砲であり、この中で唯一、核砲弾が発射可能な自走砲である。この2A44も、いっそう巨大なためオープン式に搭載されている。また、2S7を近代化改修したものは2S7Mと呼ばれている。

これらの自走砲の愛称には花の名前があてられている。2S1が「グヴォジカ（Гвоздика、カーネイション）」、2S3が「アカツィヤ（Акация、アカシア）」、2S5が「ギアツィント（Гиацинт、ヒヤシンス）」、2S7が「ピオン（Пион、牡丹）」である。

2S5（写真：多田将）

2S7（写真：マガタマ）

■統合が進む現在の自走榴弾砲 ―― 2S19および2S35／2S34

2S1と2S3には、それぞれ後継車両が開発された。師団砲2S3の後継車輌「2C19［*2S19*］」は、T-80の車体にT-72系のエンジンを載せ、巨大な砲塔に47口径152㎜榴弾砲2A64を搭載している。砲弾の装填は完全自動で、砲塔後部から装填用ベルトコンベアを引き出すと、車外から装填することも可能となっている。また、レーザー誘導砲弾も発射できる。2S19の愛称は「ムスタ-S（Мста-С、ムスタ川）」である。

優秀な車輌であるが、西側がPzH2000などの高性能な新世代自走砲を開発したことから、21世紀に入り、さらに新型が開発された。それが「2C35［*2S35*］」で、当初は2門の砲身を縦に並べるという独特なスタイルが試作されていたが、結局1本の砲身となったことで、素人目には2S19と区別がつかないくらい似た姿となった。しかし内部は大きく変更され、車長・砲手・操縦手の乗員3名全員が車体側に横並びで着座するという、T-14戦車方式の人員配置となり、無人化された砲塔内で砲弾は完全自動装填される。砲は52口径152㎜榴弾砲2A88となり、最大射程も80㎞と大幅に延伸されたことで、師団砲2S3だけでなく軍砲2S5を統合して更新する。2S35の愛称は「コアリツィヤ-SV（Коалиция-СВ）」で、これは連立とか連合とかを意味する言葉であるが、開発段階で2砲身だった名残りである。

連隊砲2S1の後継は「2C34［*2S34*］」で、車体は2S1そのままに122㎜榴弾砲に替えて後述する2S31自走迫撃砲と同じ120㎜砲2A80を搭載する。2S34の愛称は「ホスタ（Хоста、擬宝珠）」である。

2S19（写真：多田将）

2S35（写真：CRS@VDV）

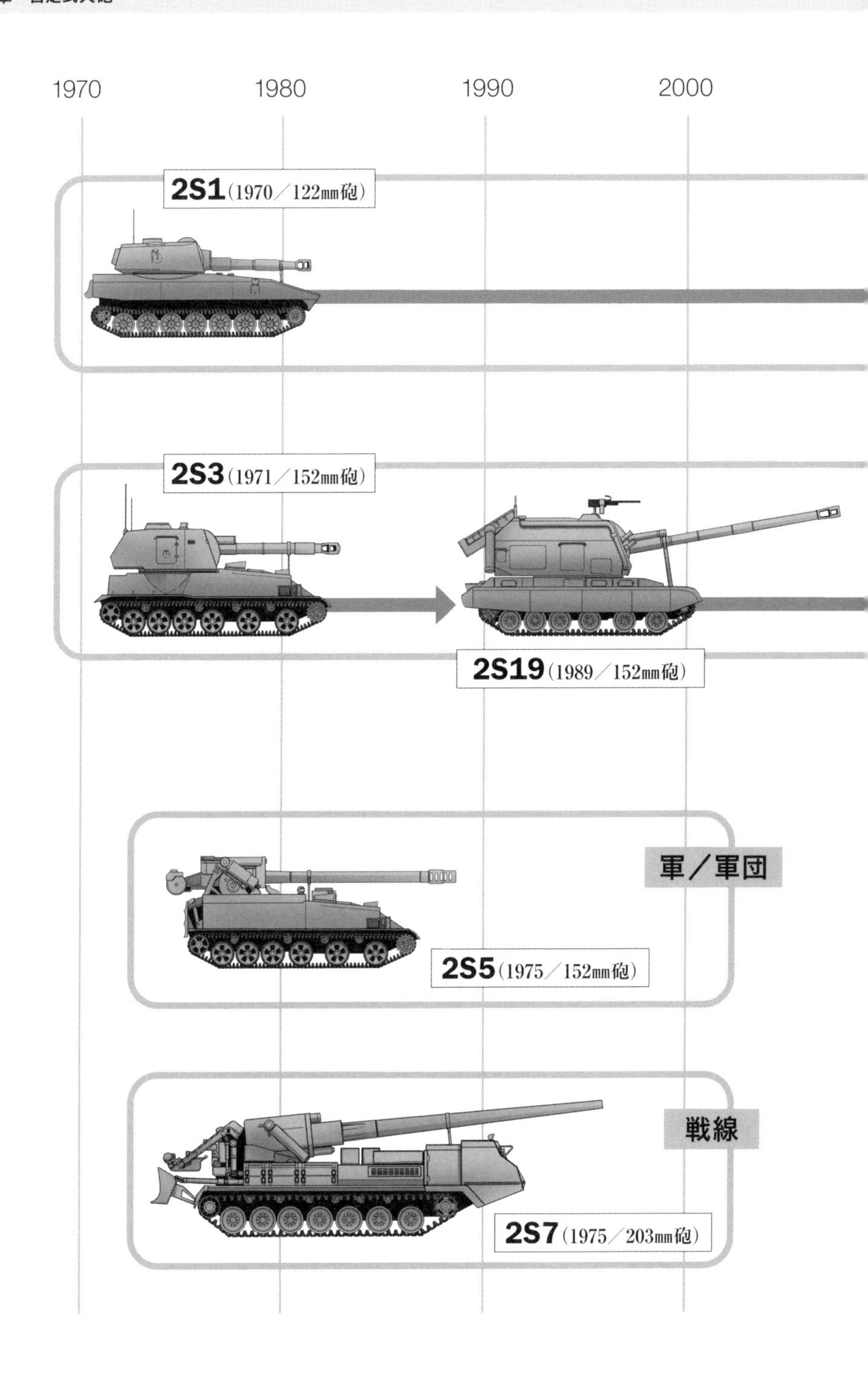

1970
1980
1990
2000
2S1（1970／122mm砲）
2S3（1971／152mm砲）
2S19（1989／152mm砲）
軍／軍団
2S5（1975／152mm砲）
戦線
2S7（1975／203mm砲）

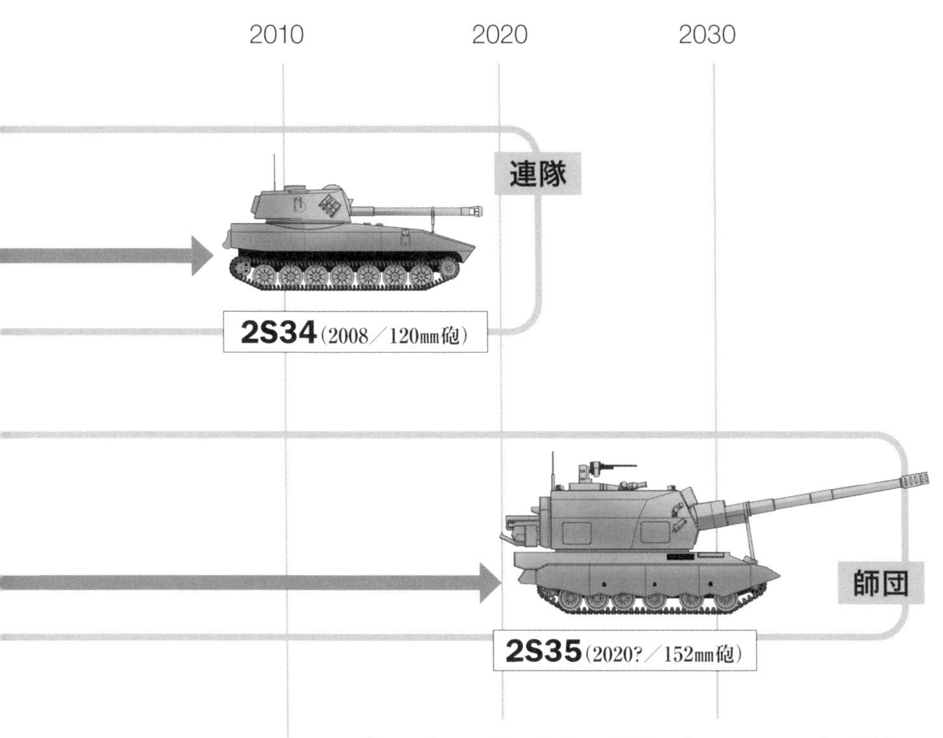

自走式榴弾砲の系譜

■カッコ内は制式採用の年、および搭載する砲の口径を示す。

2S3（写真：Ministry of Defence of the Russian Federation）

4-3 自走迫撃砲

■迫撃砲も自走化

さらに自走迫撃砲についても触れておきたい。野戦陣地を構築する際に、水平方向（横方向）からの攻撃を防ぐ「壁」は、比較的構築しやすい。しかし、頭の上を防御することはとても難しく、地下施設を作るなど大掛かりな作業が必要だ。逆に攻撃側から見れば、正面から攻撃するよりも、上方向から攻撃できる兵器は敵に有効な打撃を与えられることから、臼砲（きゅうほう）[※2]や迫撃砲（英語ではどちらもmortarで区別がない）が考え出された。榴弾砲が射程を延ばすために山なりの弾道で射撃するのに対して、これは上から攻撃することそのものが目的である。

迫撃砲は砲身が短いうえに肉厚が薄く、発射時の衝撃を地面に直接吸収させるので駐退機もない。多くが砲口から装填する前装式で閉鎖機もなく、全体的に簡素な構造をしており取り扱いも簡単なため、砲兵ではなく歩兵が自分たちで扱える支援

2S9（写真：多田将）

※2：臼砲とは、砲身が極めて短く、口径が大きい砲。「臼（うす）」のように見えることから、この名で呼ばれる。射程はきわめて短いが大口径なため破壊力が大きい。

火力として重宝されている。口径82㎜以下のものは、分解して歩兵が人力で運べるほどである。口径120㎜になると、車輌で牽引するか、西側では兵員輸送車輌の兵員室に搭載して自走式の迫撃砲とする場合が多い。しかし、ソヴィエト連邦では、120㎜迫撃砲を砲塔に搭載して、榴弾砲のように運用する自走迫撃砲が開発された。

■2S9／2S23／2S31／2S4

最初は、自走榴弾砲を装備できない空挺部隊用として空挺用兵員輸送車輌BTR-D（2-4節参照）に24口径120㎜迫撃砲2A51を載せた「2С9［2S9］」が登場した。2A51は榴弾砲としても使える後装式の砲だ。空挺連隊内の自走砲大隊に配備された。

この2A51砲の改良型2A60を備えた砲塔をBTR-80の車体に搭載したのが、「2С23［2S23］」であり、自動車化小銃大隊の砲兵中隊に配備された（1個中隊あたり6輌を運用）。さらに2A60よりも長砲身の120㎜砲2A80を備えた砲塔をBMP-3

2S4（写真：多田将）

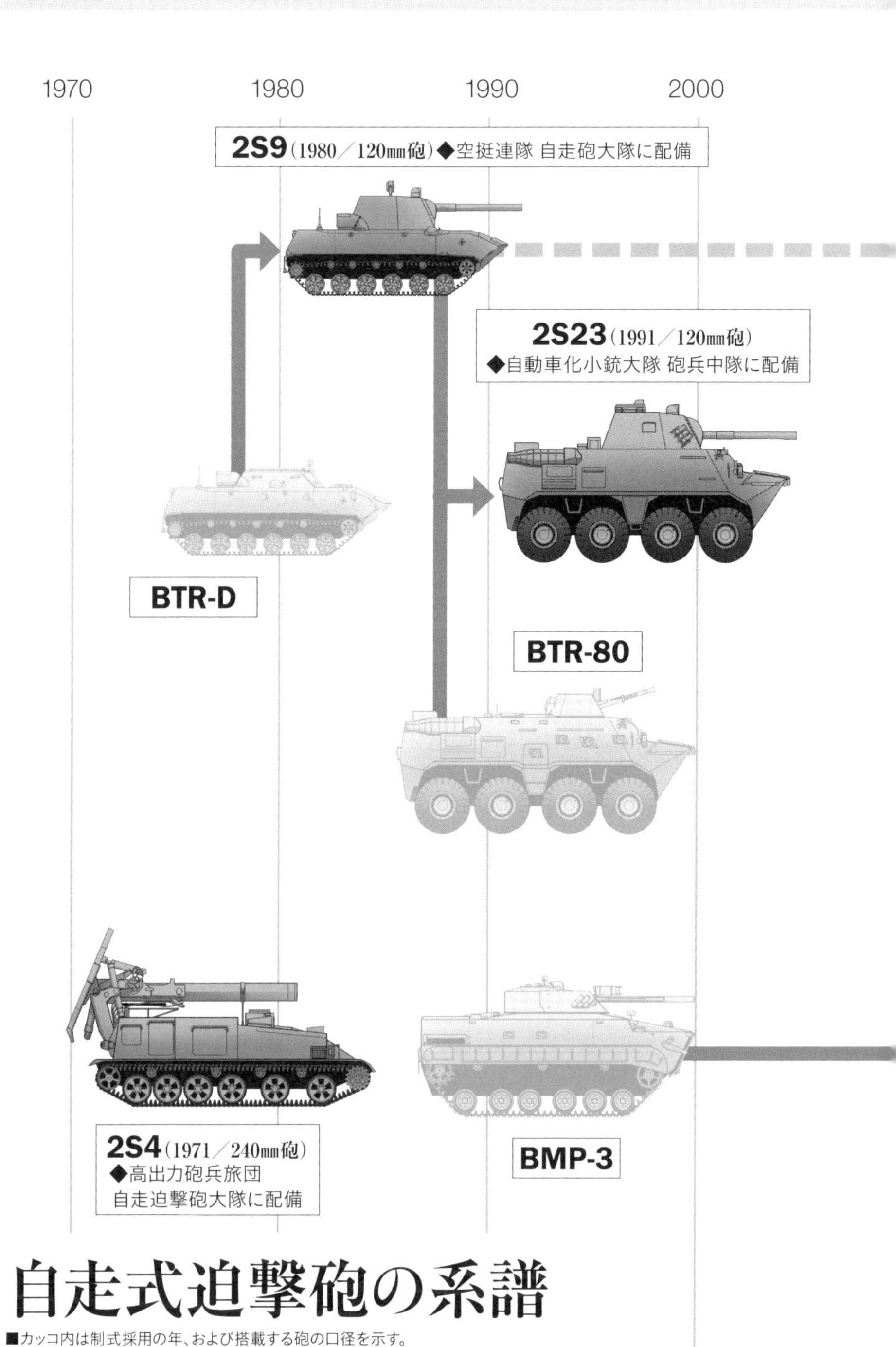

自走式迫撃砲の系譜

■カッコ内は制式採用の年、および搭載する砲の口径を示す。

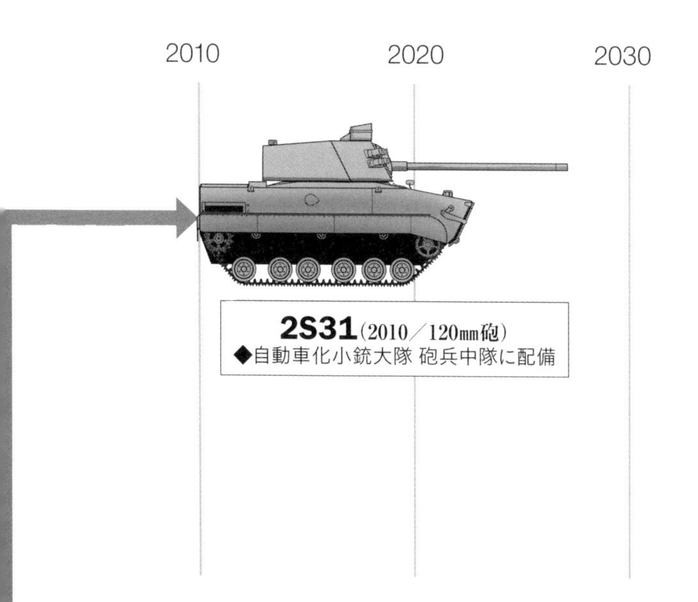

の車体に載せた「2C31［*2S31*］」が開発された。こちらも自動車化小銃大隊の砲兵中隊に配備されている。2S31については、開発の完了がソヴィエト連邦崩壊後となったため、予算不足のロシア軍での採用より輸出の実績が先となった。なお、これらの砲はすべて対戦車用の成形炸薬弾が発射可能で、対戦車砲としても運用できる。

また、上記の自走迫撃砲とはまったく別に、大型の21口径240mm迫撃砲2B8を搭載した「2C4［*2S4*］」が開発されている。巨大な2B8は砲塔に収められておらず剥き出しで、発射の際には車体後部の地面に砲身を立てて使用する。ソヴィエト連邦時代には、最高司令部直属の高出力砲兵旅団の自走迫撃砲大隊に配備された。自走迫撃砲大隊は3個の自走迫撃砲中隊から成り、それぞれの中隊で4輌ずつの2S4を運用した（大隊で合計12輌）。現行のロシア連邦軍では、各諸兵科連合軍に1個ずつの砲兵旅団が置かれ、そのなかに1個大隊（12輌）ずつ配備されている。こちらは核砲弾も発射可能である。

4-4 多連装ロケット発射機

■“より深い”目標を攻撃

榴弾砲は実績も信頼性もきわめて高い兵器であるが、欠点がないわけではない。それは薬室で爆発させた火薬の（ガスの）膨張で砲弾を飛ばすため、長距離を飛ばすには圧力を受ける薬室や砲身が大きく、重くなることだ。数十kgの砲弾を飛ばすだけでも、相当大がかりな発射装置となる。その欠点をカヴァーするために考え出されたのがロケット弾だ。

ロケット弾は、弾体そのものに搭載された推進剤で加速するため、薬室や砲身は必要なく、初期のころの発射装置はトラックにレールを載せただけのものもあった（大祖国戦争期のBM-8／BM-13）。弾体は榴弾砲よりずっと大きくすることが可能で、推進剤を多く積めば射程も延伸できる。しかも砲弾に比べて加速が穏やかなので、弾殻（弾体の外殻）は薄くてよく、そのぶん炸薬を大量に積める。集束爆弾ならぬ集束弾頭を積んでいるものもあるのだ。

反面、弾体はかさばるうえに高価という欠点もあるが、互いの長所と短所を補うように現代の陸軍では榴弾砲とロケット弾発射機の両方を装備しているところが多い。

BM-13（写真：多田将）

■西側より早くから運用 ―― BM-21／BM-27／BM-30

西側では榴弾砲よりも遠方の目標を攻撃するのに使われており、装軌式の重厚なM270 MLRS（Multiple Launch Rocket System）が知られているが、その配備開始は意外に遅く、アメリカ陸軍で1982年だった。

ソヴィエト連邦では、大祖国戦争で活躍したBM-8／BM-13（Катюша、カチューシャ）の後継として、BM-14を経て1960年代に「БМ-21［*BM-21*］」（9K51）、1970年代に「БМ-27［*BM-27*］」（9K57）、1980年代に「БМ-30［*BM-30*］」（9K58）が、それぞれ登場した。これらは、順次改良型が登場したというわけではなく、榴弾砲と同様にそれぞれが担当する射程範囲がある。同時攻撃をするための並列装備であり、それぞれ師団、軍、戦線が運用することになっている（105ページの図を参照）。

ロケット弾の直径はそれぞれ122㎜、220㎜、300㎜で、射程と弾頭が順に大きくなっている。西側のMLRSと違い、装甲のないトラックに搭載された簡素なつ

BM-21（写真：多田将）

くりで、そのぶん安価で大量に配備可能である。このなかで特にBM-21は、輸出以外に多くの国でライセンス生産やコピー生産され、77カ国で使用された（現在も現役にあるのは58カ国）。ロケット発射体も、東欧諸国や中国、イラン、パキスタンなどでさまざまな種類のものが製造され、百花繚乱の様相を呈している。それほどに運用しやすいということだ。さらに、BM-21（9K51）の改良型（9K51M）が衛星航法と弾道補正計算機を導入し、オリジナルの2倍の射程となったように、車輛そのものが古くても“中身（ロケット弾や電子機器）”を更新することで、長く第一線で活躍できる潜在性を秘めている。

なお、この多連装ロケット発射機のことをロシア語では「一斉発射ロケットシステム（Реактивная Система Залпового Огня、РСЗО［*RSZO*］）」と呼ぶ。愛称は、それぞれ、BM-21が「グラート（Град、雹）」、BM-27が「ウラガン（Ураган、暴風）」、BM-30が「スメルチ（Смерч、竜巻）」、9K51Mが「タルナーダG（Торнадо-Г、竜巻）」である。

BM-30（写真：多田将）

■装軌車輌型多連装ロケット発射システムTOS-1

この多連装ロケット発射機を装軌車輌に載せたものも開発されている。これが「ТОС-1［*TOS-1*］」で、日本ではなぜかこちらのほうがよく取り上げられ、「恐るべき兵器」のように紹介されたりするが、要はBM-27と同じ220㎜ロケット発射機（24連装）をT-72の車体に載せただけのものである。なお、「TOS-1」とはシステム全体の名前で、あの印象的な箱型の発射機を搭載した車輌の名前は「БМ-1［*BM-1*］」である。TOS-1は、発射車輌のBM-1と、予備弾の輸送装填車輌「ТМЗ-Т［*TMZ-T*］」から構成される。TOCとは「Тяжёлая Огнемётная Система（重火焔放射システム）」の略で、愛称の「ブラティーノ（Буратино）」とは、イタリアの童話に出てくるピノッキオのことである。ウクライナ戦争開戦時で数輌しか配備されておらず、主たる装備ではない。また、兵器展では、これを装輪車輌に搭載したTOS-2も公開されている。

TOS-1（写真：名城犬朗）

4-5 戦術ロケット

■ドイツの技術をもとにした草創期 —— R-11／R-17

多連装ロケット発射機よりもさらに遠方を攻撃するのが弾道弾（弾道ミサイル）である。弾道弾のうち、大陸間弾道弾など戦略任務に用いられるものは戦略任務ロケット軍で運用される〔※3〕。本書では陸軍が運用する短射程の弾道弾、ロシア式に言えば「戦術ロケット（Тактическая ракета）」について扱う〔※4〕。

ソヴィエトの弾道弾開発は、大祖国戦争後にドイツの技術を転用するかたちでスタートした。ドイツのV2ロケットを国内で再現したものが「R-1」、それに独自の改良を施したものが「R-2」で、ソヴィエト弾道弾のスタート地点となったが、それらを手掛けた第1試作設計局がその知見をもとに開発した短距離弾道弾が「Р-11［*R-11*］」だ。

R-11は2つの点で画期的だった。ひとつは、燃料／酸化剤〔※5〕に常温で保存できるケロシン／硝酸の組み合わせを使ったことで、もうひとつは輸送起立発射車輌（Transporter Elector Launcher、TEL）での運用を可能としたことである（改良型のR-11Mからで、R-11は地上固定の発射台）。これにより、即応性と隠密性が高まり戦術ロケットは近代的な戦闘に使える実用的な兵器となった。

こののち、第385特別設計局がR-11の開発を引き受け、燃料／酸化剤などが改良された「Р-17［*R-17*］」を開発した。また、TELは装軌車輌から装輪車輌となり、機動性が向上している（なお、R-17初期型はR-11Mと同じ装軌車輌）。このR-11とR-17は、本国で多数運用されただけでなく輸出もさかんに行われ、ドイツのV-2に次いで歴史上2番目に多く実戦使用された。そして西側以外の国々で弾道弾開発の礎となった。たとえば中国と北朝鮮とイラクはR-17をもとに自国製弾道弾を開発し、その技術をさらに、イランは北朝鮮から、パキスタンは中国と北朝鮮から、それぞれ導入している。R-11とR-17をあわせ、NATOは「Scud（スカッド）」のコードネームを与えている。こちらの名前でご存じの方も多いだろう。

※3：戦略任務ロケット軍で運用される弾道弾については拙著『ソヴィエト連邦の超兵器 戦略兵器編』（ホビージャパン刊）にて解説している。
※4：英語では「ミサイル」（誘導式）と「ロケット」（無誘導）が区別されているが、ロシア語ではどちらも「ロケット」と呼ぶことに注意。ロシア軍の戦術ロケットには、誘導式（西側のミサイルに該当）と無誘導（西側のロケットに該当）がある。
※5：ロケットのエンジンは、燃料を酸化剤により燃焼させることで推進力を得ている。対してジェットエンジンは、外部から空気を取り入れ燃料と混合させることで燃焼させている。ロケットエンジンは外部の空気に頼らないため、空気の無い宇宙空間でも使用できる。

■ウクライナ戦争でも投入――9K79／9K714／9K720

R-17の後継として2つの系統の戦術ロケットが開発された。「9K76［*9K76*］」と「9K79［*9K79*］」である。どちらも固体燃料式である。9K76はロケット本体（9M76）が10t近い大型の二段式で、R-17と同様にTELに剥き出しで搭載された。一方で、9K79はロケット本体（9M79）が2t程度と小型で、移動中は車体内に収納され、発射時に屋根が開いて起立する。結局、その後の戦術ロケットの主流となったのは9K79のほうで、後継の「9K714［*9K714*］」、「9K720［*9K720*］」へと発展していく。

9K720は2022年時点で最新鋭の戦術ロケットであり、「イスカンデルM（Искандер-M）」の愛称で知られる。本書執筆時に現在進行形のウクライナ戦争でも使われている。一方で、ウクライナ軍は9K79を使用しているが、ロシア軍でも書類上は退役したことになっている9K79が使用されている。

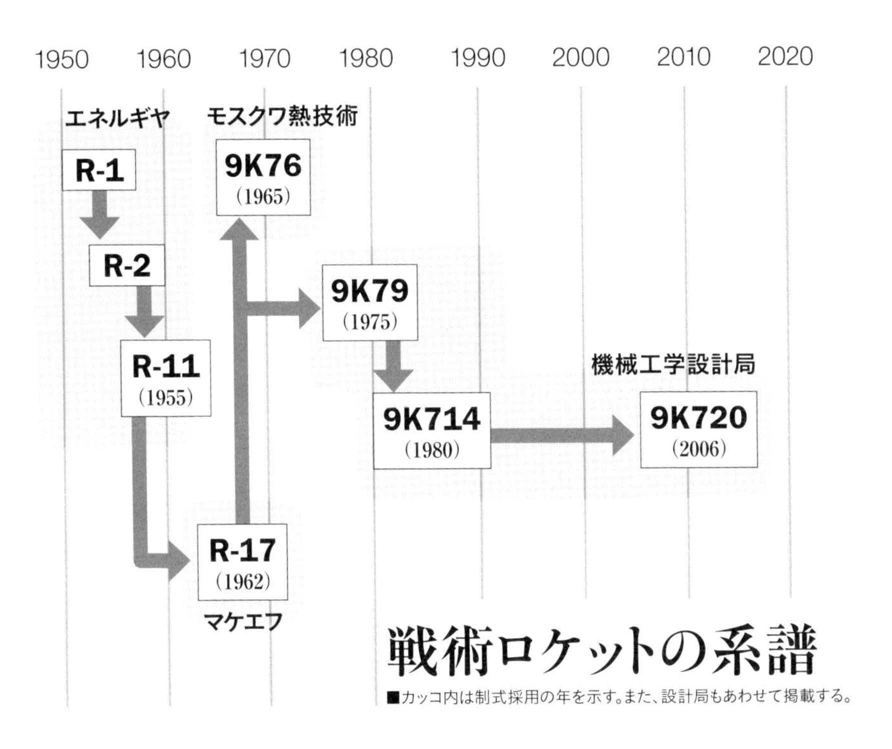

戦術ロケットの系譜

■カッコ内は制式採用の年を示す。また、設計局もあわせて掲載する。

9K720は発射車輌1輌あたりに2発のロケットを搭載し、また弾道弾（9M723）に加えて巡航ミサイル（9M728／9M729）も運用できる。9K79のように発射直前まで車体内に収納されているので、搭載しているのが9M723なのか9M728／9M729なのか、発射時にしかわからない。9K720は、ロシア陸軍でもっとも重要な兵器のひとつと考えられており、すべての諸兵科連合軍に1つずつ編成されている「ロケット旅団」ごとに12輌ずつの発射車輌が配備されている（巻末の編制表を、あわせてご覧いただきたい）。

戦術ロケットの誘導方式には、弾道弾では標準的な慣性航法を使うが、9M79と9M714の改良型には、命中精度を上げるため、終末段階でレーダー誘導を追加している。9M723は、慣性航法と衛星測位システム（GLONASS）の併用で飛行し、終末誘導にはレーダー誘導または画像誘導を用いる。画像誘導タイプは、先端が透明になっていて内部の光学シーカーが見えるので外観から区別できる。画像誘導の場合は、あらかじめ味方の偵察手段（衛星や軍用機や無人偵察機など）によって入手した目標地点の画像を発射時に記憶させ、目標に近づくと光学シーカーによって

9K79（写真：多田将）

それと同じ画像を探して向かうものだ。これにより、平均誤差半径［※6］は5～7mにまで狭まった。また、9M723は、単純な楕円軌道ではない、複雑な軌道も飛行できる。

なお、これら戦術ロケットシステムのうち射程の長いものを、ロシアでは「作戦戦術ロケット複合体（Оперативно-Тактический Ракетный Комплекс、OTPK［*OTRK*］）」と呼ぶ。ここに登場したものでは、R-11、R-17、9K76、9K714、9K720がこれに該当する。

■無誘導の戦術ロケット

1950年代から60年代に相次いで開発された、無誘導の戦術ロケットについても触れておこう。無誘導だと命中精度が著しく劣るが、たとえばR-11の初期型は命中精度の指標となる平均誤差半径が3kmと広く、無誘導ロケットと大差なかった。その意味で、誘導技術が発達する以前の遠距離打撃力を支えた貴重な戦力と言える。ソヴィエト連邦では、9K79系統が登場するとすぐに置き換えられたが、輸出先では21世紀に入っても現役で使用されているものもある。なお、無誘導ながら本国版は核弾頭も搭載できた。

最初に登場した「2K1［*2K1*］」は、発射するロケット3R1がいかにも「核爆弾にロケットをくっつけた」といった感じで、弾頭部のほうがロケット部よりずっと太く、マッチ棒のような形をしていた。核弾頭を小型化できなかった時代を感じさせる姿だ。その「マッチの軸（ロケット部）」が装軌車輌上の発射装置のレールに載っていて、このレールの方向に飛行するというものだ。レールは俯仰式で、その角度で軌道を調整する。2K1の愛称は「マルス（Марс、火星）」である。

2K1とほぼ同じ時期に登場した「2K4［*2K4*］」は、発射するロケット3R2は3R1と同じような形だがずっと大型で、発射装置も筒型で（ロケット部だけ筒に入り、弾頭はそこから出ている）重厚なもので、そのためそれを載せる装軌車輌も大型だった。2K4の愛称は「フィリン（Филин、鷲木菟）」である。

次に登場した「2K6［*2K6*］」では、通常弾頭のロケット3R9は弾頭部もロケット部と同じ直径ですっきりした形となったが、核弾頭のロケット3R10はやはり頭でっかちだった。これらのロケットはノズルが中心軸からオフセットして取り付けられ、回転しながら飛行するようになっていた。そのため、尾部にあるフィンも斜めに取り付けられている。2K6の愛称は「ルーナ（Луна、月）」である。

最後の無誘導戦術ロケットとなる「9K52［*9K52*］」は、2K6の改良型で、愛称

※6：仮に複数発を発射したとき、目標を中心に“半数”が着弾する範囲の半径のこと。たとえば10発を発射して、目標を中心に5発の着弾がおさまる円の半径。「半数必中界」とも呼ばれる。誘導兵器の精度の指標として用いられている。

2K6（写真：多田将）

も「ルーナ-M」である。発射するロケット9M21は、中央のメインエンジンのノズルを取り囲むようにその周囲に回転用エンジンのノズルが取り付けられている。発射後、発射機のレールから飛び出した直後に点火し、回転を与えたあと、短時間で燃え尽き、以降は回転を保ったままメインエンジンの推力で飛行する。これらの構造により、無誘導ながら、射程65㎞で平均誤差半径は700mにまで狭まった。なお、発射機を搭載する車輌は装輪車輌となっている。ソヴィエト本国では、9K52を最後に、戦術ロケットは誘導型に完全に移行した。9K52の後継は実質的に前述の9K79である。

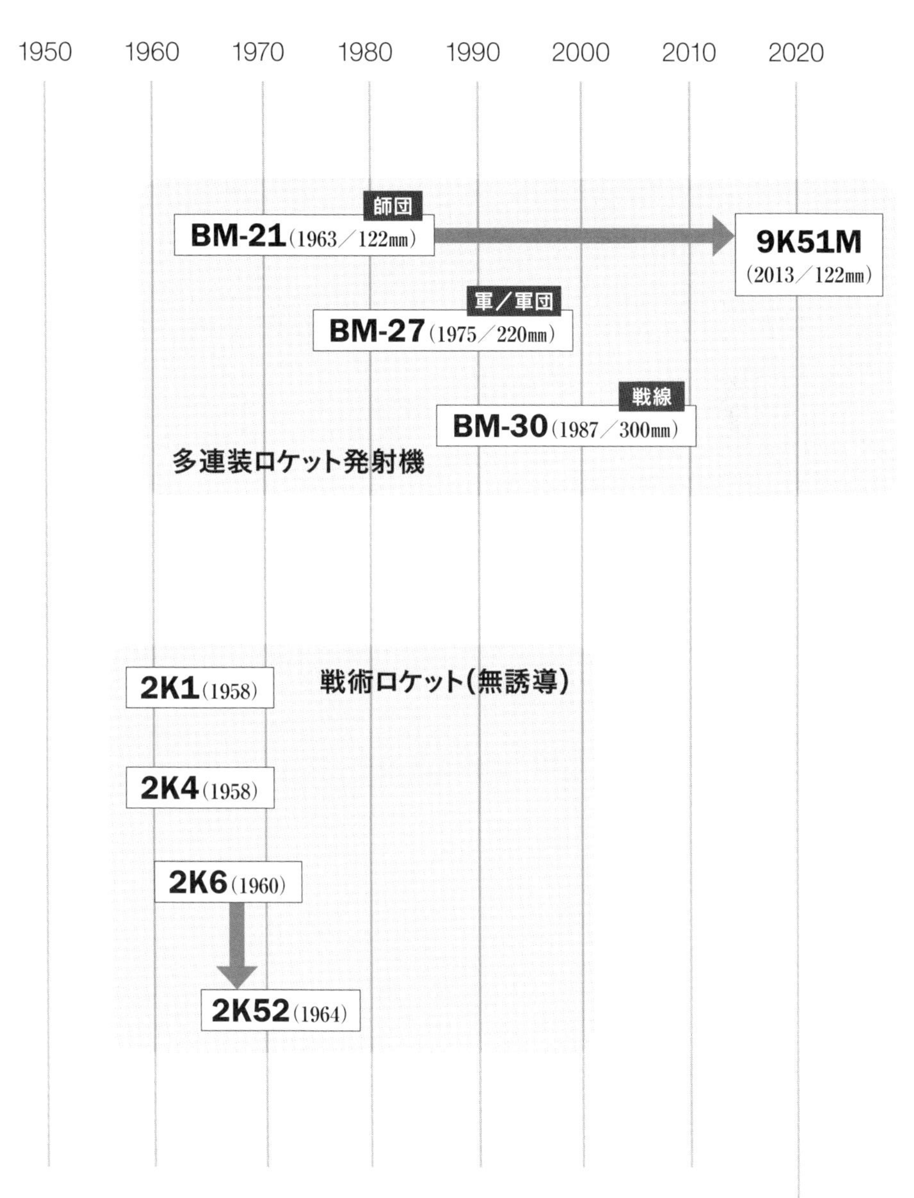

多連装ロケット発射機／戦術ロケット(無誘導)の系譜

■カッコ内は制式採用の年を示す。なお、多連装ロケット発射機については、ロケットの口径も記す。

ソヴィエト・アメリカ 地上戦力の比較（1986年）

■アメリカを上回る圧倒的地上戦力

最後に、地上兵器のまとめとして冷戦最盛期（1986年）におけるソ米陸軍の装備数比較を示す（『The Military Balance』より引用）。縦深作戦理論を実行するためには、いかに大量の戦車や歩兵戦闘車輌、火砲・ロケット砲が必要か、ご理解いただけると思う。これだけの装備を生産し、維持し、それらを運用する莫大な数の兵士を揃えたことは、国家予算を逼迫させソヴィエト連邦の寿命を大いに縮めたことは想像に難くない。

ソ米陸軍装備比較（1986）

陸軍装備	ソヴィエト連邦	アメリカ合衆国
戦車	53,000	14,296
装甲兵員輸送車輌	29,000	20,280
歩兵戦闘車輌	27,500	3,492
迫撃砲	11,000	7,400
榴弾砲	29,000	5,450
多連装ロケット発射機	6,745	337
戦術ロケット	1,570	186
対空砲	21,000	600
対空ミサイル	4,420	493

終章

■設計局と工場
■ロシア連邦軍編制一覧

設計局と工場

■ソヴィエト連邦における産業の仕組み

西側諸国では、軍需産業といえども民間企業であり、軍はそれらの企業に仕様を提示して設計と製造をまとめて依頼する。たとえば戦闘機の場合、各メイカーが仕様に沿った概念設計案を提出する。軍はそのなかから2社ほどを選定し、試作機の製造契約を結ぶのである。この方式は資本主義の原理に則ったものでありながら、ひとつ難点がある。それは最終的に勝ち残った1社を除いて、他社は仕事を得られないことである。もちろん、設計にも試作機製造にも代金は支払われるものの、やはりメイカーは生産機を製造してナンボである。

いっぽうソヴィエト連邦では、設計から試作機の製造までを担当する試作設計局（Опытно-Конструкторское Бюро、ОКБ［*OKB*］）と、製造を担当する工場（завод）を分けていた。政府の提示した仕様に基づいて、試作設計局が設計と試作機の製造を行い、その試作結果から政府が採用を決定し、工場に生産を命ずる。試作機が採用されなくとも、試作設計局の仕事は試作機をつくった段階で完結しており、工場も政府が生産を割り当てるので仕事にあぶれることはない。“これぞ社会主義”と言える仕組みである。

兵器の設計を行う設計局には、試作設計局以外に中央設計局（Центральное Конструкторское Бюро、ЦКБ［*TsKB*］）や特別設計局（Специальное Конструкторское Бюро、СКБ［*SKB*］）、専門設計局（Специализированное Конструкторское Бюро、СКБ［*SKB*］）などがある。

■番号で呼ばれた設計局と工場

これらの設計局は番号を割り振られ、たとえば「第155試作設計局（ОКБ-155）」のように呼ばれた。のちに、個別の名前が与えられるようになり、第155試作設計局は「ミコヤン・グレヴィチ設計局」となった。

工場も「第189工場（Завод № 189）」のように番号で呼ばれていたが、設計局と同様、のちに個別の名前がつくようになる。第189工場は「バルティイスキイ・ザヴォート」である。なお、番号制はソヴィエト政府の方針であるため、帝政時代からの古い歴史を持つ工場にとっては「元の名前に戻った」という側面もある。

これら車輌工場の特徴は、「大祖国戦争を経た」ということである。つまり、同戦争に於けるドイツの侵攻に伴い、工場の疎開が行われたことだ。疎開した工場の数は実に1,523にも及ぶ。そして、その疎開先で、新たな軍需産業が花開いた。シベリアを中心とした東方の工場は、同戦争をきっかけに発達し、そして今ではロシアを支える軍需産業となっているものも多い。

では、本書で紹介した戦闘車輌について、それぞれの設計局と工場を見ていこう。

■設計局

戦闘車輌の設計局は、独立したものと言うよりも、「工場内の設計部」という色合いが強い。これは「ソヴィエト式」では異質ではあるものの、西側感覚で言えばむしろ普通である。

❶第520試作設計局→第60設計局（OKБ-520→KБ-60／ハリコフ設計局）

1927年設立。現在のウクライナ東部ハリコフ（ハルキウ）にある。元はハリコフ機関車工場（①）内の設計部が独立したもの。大祖国戦争期にハリコフ機関車工場と共にウラル車輌工場（②）へ疎開したが、1951年にハリコフに帰還した。その際に元の番号（第520）はウラルに残してきて、こちらは第60設計局となった。

BTの開発を手掛けたことがきっかけで、それに続くT-34を第3代設計局長ミハイル=イリイチ=コーシュキンの下で開発した。以降、戦車開発の主役となった。現在の名称は「A. A.モロゾフ名称ハリコフ機械工学設計局（Харьковское конструкторское бюро по машиностроению имени А. А. Морозова）」。モロゾフはコーシュキンの弟子で、第4代設計局長。

［開発兵器］BT／T-34／T-55／T-64（本書掲載のものに限る。以下同）

❷第520試作設計局（OKБ-520／ウラル設計局）

ウラル山脈の東斜面のニジュニイ・タギルにある。先述のように1941年にハリコフから移転してきたことから、ここでの活動が始まる。以降、OKB-520の名称はこちらになった。ソヴィエト連邦では、ハリコフ設計局とともに主力戦車を設計してきた。ソヴィエト連邦崩壊によってウクライナが独立国家となったため、以後こちらが戦車設計の主役となり、新世代戦車T-14も開発することとなった。現在はウラル車輌工場（②）の設計部門。

［開発兵器］T-44／T-54／T-62／T-72／T-90／T-14

写真：綾部剛之

❸第２特別設計局（СКБ-2、КБ-3／レニングラード設計局）

元はキーロフ工場（③）の設計局で、1934年に設計局番号SKB-2が与えられた。1951年に戦車製造特別設計局（Особое конструкторское бюро танкостроения）、1968年に第3設計局（КБ-3）、1985年に輸送機械工学特別設計局（СКБ транспортного машиностроения）、ソヴィエト連邦崩壊後に「特別機械工学・冶金株式会社特別設計局『トランスマッシュ』（СКБ «Трансмаш» АО “Специальное машиностроение и металлургия”）」と改名された。

［開発兵器］T-80／2S7 および R-11Mの発射車輌

❹第174試作設計局（ОКБ-174／輸送機械工学設計局）

元はオムスク工場（④）の設計局で、1958年に設計局番号が与えられた。各種装甲車輌のヴァリエイションや近代化の設計を手掛けた。2008年、破産したオムスク工場を買い取って吸収合併し、「オムスク輸送機械工学工場（Омский завод транспортного машиностроения）」となった。

❺機械工学特別設計局（СКБМ）

元は1954年に中型砲兵トラクターの設計局としてクルガン機械製造工場（⑫）

内に設立されたが、第178工場（⑪）内の設計局にあったBMP設計部門がこちらに移ったことで、以降は歩兵戦闘車輌の設計局として有名になった。現在の名称は「機械工学特別設計局（Специальное Конструкторское Бюро Машиностроения）」。

［開発兵器］BMP-2／BMP-3／B-10／B-11／BTR-MDM

❻第３試作設計局（OKБ-3）

1942年設立。元は第50工場（⑩）内の設計局。現在は独立した設計局ではなくその工場の設計部門に戻っている。

［開発兵器］2S3／2S4／2S5／2S19

❼第172特別設計局（CKБ-172）

第172工場（⑰）内の設計局。自走砲に搭載する砲の開発のほか、自走砲そのものの開発も担当した。

［開発兵器］2S23／2S31／2S34

［開発兵器（砲）］2S4／2S5／2S9／2S23／2S31／2S35の砲

❽第221特別設計局（CKБ-221）

1938年に、第221工場（⑱）内の設計局（第221試作設計局、OKБ-221）としてスターリングラードに誕生したが、大祖国戦争でドイツ軍が迫るなか、1942年に一旦解散した。1950年に特別設計局（CKБ-221）として再建され、以降、自走砲の砲や、大陸間弾道弾を含む車輌発射式弾道弾の発射車輌などを設計した。1991年に独立した会社となった後、2014年にバリカドゥイ（⑱）を吸収合併して「連邦研究センター『ティタン＝バリカドゥイ』（Федеральный научно-производственный центр «Титан-Баррикады»）」となった。

［開発兵器(砲)］2S7／2S19の砲

［開発兵器(発射車輌)］2K1／2K6／9K79／9K714／9K720の発射車輌

❾第９試作設計局（OKБ-9）

第９工場（⑲）内の設計局。今やロシア唯一の戦車砲設計局。

［開発兵器(戦車砲)］T-62／T-64／T-72／T-80／T-90／T-14の戦車砲

［開発兵器(榴弾砲)］2S1／2S3の榴弾砲

⑩中央精密機械工学科学研究所（Центральный научно-исследовательский институт точного машиностроения、ЦНИИточмаш）

1944年に第304工場内の研究所として設立された。拳銃や小銃などの歩兵携行兵器の開発を担当しているが、唯一の装甲車輌として2S9を開発した。

[開発兵器] 2S9

⑪ブレヴェースニク

1970年に第92工場の設計局としてニジュニイ・ノヴガラトに設立された。砲を中心に様々な装備を開発した。現在の正式名称は「中央科学研究所『ブレヴェースニク』（Центральный научно-исследовательский институт «Буревестник»）」で、ウラル車輌工場（②）の一部。

[開発兵器] 2S35

⑫第１試作設計局（ОКБ-1／エネルギヤ）

1950年設立。「ロケットの父」と呼ばれたコロリョフが率いた。ソヴィエト連邦初の弾道弾R-1、世界初の大陸間弾道弾R-7の開発に加え、人工衛星や人類を史上初めて宇宙に送り出す偉業を成し遂げた。初期の頃は弾道弾開発をリードしたが、その後は宇宙開発専業となった。現在の名称は「S. P. コロリョフ名称ロケット宇宙会社『エネルギヤ』（Ракетно-космическая корпорация «Энергия» имени С. П. Королёва»）」

[開発兵器] R-1／R-2／R-11

⑬第１中央設計局（ЦКБ-1／モスクワ熱技術研究所）

1946年設立。固体燃料式弾道弾開発の中心で、現在、固体燃料式の大陸間弾道弾と潜水艦発射式弾道弾の全てを一手に引き受けている。現在の名称は「モスクワ熱技術研究所（Московский институт теплотехники）」。

[開発兵器] 2K1／2K4／2K6／9K52／9K76

⑭第385特別設計局（СКБ-385／マケエフ）

1947年設立。第66工場（㉑）の設計局として、同工場に1945年に吸収合併された第385工場の敷地に設立された。コロリョフの弟子のマケエフが率いた。R-11の開発を引き継いで以来、液体燃料式の潜水艦発射式弾道弾の全てを開発した。

また、現在、新型大陸間弾道弾RS-28も開発中。現在の名称は「アカデミー会員V. P. マケエフ名称国立ロケットセンター（Государственный ракетный центр имени академика В. П. Макеева）」。

［開発兵器］R-17

⑮機械工学設計局（КБМ）

1942年設立。モスクワ中心から南東100 ㎞ほどのカロムナにある。迫撃砲の開発で名高いが、ミサイル時代に入ってからは対戦車ミサイルの開発の中心となった。9K79以降は戦術ロケットの開発でも中心的役割を担った。現在の名称は「科学生産会社『機械工学設計局』（Научно-производственная корпорация «КБ машиностроения»）」

［開発兵器］9K79／9K714／9K720

■工場

①Завод №. 183→Завод №. 75／ハリコフ機関車工場

1896年創業。ハリコフ（ハルキウ）にある。名前の通り、元は機関車を製造していた。第183工場は、T-34を最初に製造した工場で、以来、その製造の中心であったが、大祖国戦争に於けるドイツ侵攻にともない、ニジュニイ・タギルへ疎開した。その時点でエンジンを製造する部門は第75工場として独立し、そちらはチェリャビンスクに疎開した。ソヴィエトによるハリコフ奪還後、同市に戻った両者は再び統合され、名前は第75工場となった。帰還後はソヴィエトを代表する戦車工場となった。

ソヴィエト連邦崩壊後、ウクライナは独立国家となったことから、以降はウクライナの戦闘車輌を製造している。現在の名称は「B. A. マリシェフ名称ハリコフ輸送機械工学工場（Харьковский завод транспортного машиностроения имени В. А. Малышева）」。

［製造兵器］BT／T-34／T-44／T-54／T-55／T-62／T-64／T-80UD

②Завод №. 183／ウラル車輌工場

1936年創業。ニジュニイ・タギルにある。元はウラル車輌製造工場として鉄道車輌を製造していた。1941年に第183工場（①）がこの工場内に疎開し、T-34

の生産を続けた。ハリコフが奪還されて同市での戦車製造が再開された後も、本工場は戦車の製造を続け、ソヴィエト連邦においてハリコフ機関車工場と並ぶ戦車製造拠点の双璧となった。また、ハリコフ機関車工場が第75工場となったので、第183工場の名前はこちらが引き継いだ。現在はロシア随一の戦車工場であり、また、世界最大の戦車工場でもある。

現在の名称は「Ф. Э. ジェルジンスキイ名称科学生産会社『ウラル車輌工場』(Научно-производственная корпорация «Уралвагонзавод» имени Ф. Э. Дзержинского)」。

[製造兵器] T-34／T-54／T-55／T-62／T-72／T-90／T-14／BMPT／T-15

③Завод № 100／キーロフ工場（Кировский завод）

1801年創業。ペテルブルクにある。ペテルブルク沖のクロンシュタット（コトリン島）より製鉄所が移転してきたときから、その歴史が始まる。製鉄業を背景に、砲や艦艇、鉄道車輛、トラクターなどの製造が順次始められ、帝政ロシア最大の工場となった。

大祖国戦争期にはチェリャビンスク（⑪）に疎開していた。1948年に疎開先から帰還してからは、従来の製品に加え、原子力艦艇のタービンやギヤ、ガスタービンなどの製造も行った。変わり種としては、世界で初めて、ウラン濃縮用の遠心分離機を製造している（1954年から）。

[製造兵器] T-80／2S7 および R-11Mの発射車輛

④Завод № 174／オムスク工場

1896年創業。レニングラードにあった第174工場（1932創業）が、1941年にオレンブルク[※1]に、次いで1942年にオムスクに移転してきたことから、戦車製造が始められる。他に様々な戦車の部品製造や近代化、戦車ベースの工兵車輛などを手掛けた。前述のように2008年に破産し、輸送機械工学設計局（❹）に吸収された。

[製造兵器] T-34／T-54／T-55／T-62／T-80

⑤アルザマス機械製造工場（Арзамасский машиностроительный завод）

1972年創業。装輪の兵員輸送車輛の製造を担当した。

[製造兵器] BTR-70／BTR-80／BTR-82／BTR-90／K-16／K-17

※1：より正確な発音は「アリェンブルク」

⑥リハチョフ名称工場（Завод имени Лихачёва）

1916年創業。モスクワに自動車産業を創設する目的でつくられた。大祖国戦争期には複数の都市に分かれて疎開し、それらの土地で自動車産業を花開かせた。1931年から1956年までは「スターリン名称工場」、つまり「ZIS」だったが、スターリン批判（1956年）後にスターリンからリハチョフに改称され、「ZIL」となった。トラックの生産で陸軍を支えた。

［製造兵器］BTR-152

⑦ゴーリキイ自動車工場（Горьковский автомобильный завод）

1932年創業。ニジュニイ・ノヴガラト（旧ゴーリキイ）にある。フォード社の技術協力で建設された工場で、そのため、装輪車輌の製造が得意である。「GAZ」の名で知られる。

［製造兵器］BTR-40／BTR-60／BTR-70／BTR-80／BTR-90

⑧ヴォルゴグラード・トラクター工場（Волгоградский тракторный завод）

1930年創業。かつては「スターリングラード・トラクター工場（Сталинград скийтракторный завод）」と呼ばれたが、スターリングラードからヴォルゴグラードへの都市名の変更にともない工場名を変更した。こちらもトラクター工場だが、T-34の製造をきっかけに、装軌式の軍用車輌も製造した。空挺戦闘車輌の製造で名高い。

［製造兵器］BMD-2／BMD-3／BMD-4／BTR-D／BTR-50／2S25

⑨ハリコフ・トラクター工場（Харьковский тракторный завод）

1931年創業。非軍用のトラクターが主力製品。

［製造兵器］MT-LB／2S1

⑩Завод №. 50／ウラル輸送機械工場（Уральский завод транспортного машиностроения）

1817年創業。エカテリンブルク［※2］にある。最初は金採掘工場から始まり、鉱業関連の機器を製造してきたが、大祖国戦争に多くの工場が疎開をして来たのをきっかけに戦闘車輌の製造を始めた。

［製造兵器］2S3／2S4／2S5／2S19／2S35

※2：より正確には「ィエカティエリンブルク」。「e」は「yellow」の「ィエ」のような発音となる。

⑪Завод № 178／チェリャビンスク・トラクター工場（Челябинский тракторный завод）

1933年創業。チェリャビンスクにある。元は名前の通りトラクターを製造していたが、大祖国戦争期に第100工場（③）と第75工場（ハリコフ機関車工場のエンジン部門、①）がここに移転して来て、本格的に戦車の製造を開始した。同戦争期には48,5000台の戦車用ディーゼルエンジンと、T-34や重戦車・自走砲18,000輌を製造した。現在はウラル車輌工場（②）の子会社となっている。

［製造兵器］T-34／T-72／BMP

⑫クルガン機械製造工場（Курганский машиностроительный завод）

1950年創業。元々はクレーンを製造する工場（クルガン重クレーン工場）で、1954年にクルガン機械製造工場となりトラクターなどの車輌製造を始め、1966年から軍用車輌の製造にも加わった。以降は歩兵戦闘車輌製造の第一人者となった。

［製造兵器］BMP／BMP-2／BMP-3／B-10／B-11／BMD-4／BTR-MD／BTR-MDM

⑬クルガン装輪トラクター工場

1950年創業。同じクルガンにある工場でも、こちらは装輪専門。戦車輸送車輌などに使われる重装輪トラクターのMAZ-535/-537、KZKT-545/-7428などで名高い。民需用の大型トラックやトラクター／トレイラーも製造していたが、ロシア連邦時代に入って受注が激減して破産した。正式名称は「Д. М. カルブィシェフ名称クルガン装輪トラクター工場（Курганский завод колёсных тягачей имени Д. М. Карбышева）」。

［製造兵器］BTR-60

⑭ルプツォフスク機械製造工場（Рубцовский машиностроительный завод）

1959年設立。5万輌を超えるMT-LBの大部分を製造しただけでなく、BMP系列の部品や、BMP系列のヴァリエイション車輌を製造した。2011年にウラル車輌工場（②）に買収され、以来その支部となっている。

［製造した車輌］MT-LB

⑮Завод No. 40／ムィティシチ機械製造工場（Мытищинский машиностроительный завод）

1897年創業。電車を製造していた。1941年に一旦第592工場となったが、翌年に疎開先で第40工場と改称される。工場内の設計局はOKB-40。

[製造兵器] ASU-57

[製造兵器（車体）] 2K12／9K37の車体

⑯ウリヤノフスク機械工場（Ульяновский механический завод）

1966年に第852工場（ウリヤノフスク自動車工場、UAZ）から独立した。

[製造兵器] 2K22／2K12／9K37

⑰Завод No. 172／モトヴィリハ工場（Мотовилихинские заводы）

創業1736年と歴史の古い工場でペルミにある。銅の精錬から始めて、帝政時代より大砲を製造しており、自走砲に搭載する砲の製造も多く手掛けた。車輌以外では、大陸間弾道弾RT-2や油田設備など、多岐にわたる製造能力を有する。

[製造兵器] 2S9／2S23／2S31／2S34／BM-21／BM-27／BM-30

[製造兵器（砲）] 2S4／2S5／2S9／2S23／2S31／2S34／2S35の砲

[製造兵器（ロケット）] 2K4のロケット

⑱Завод No. 221／バリカドゥイ

1914年にツァリツィノ（後のスターリングラード）に建設されたツァリツィノ銃工場が、第221工場となり、大祖国戦争後に生産合同『バリカドゥイ』（Производственное объединение «Баррикады»）と改名された。前述❽で挙げたSKB-221設計の砲や弾道弾発射機を製造した。2014年に設計局側（❽）に吸収された。

[製造兵器（砲）] 2S7／2S19の砲

[製造兵器（発射車輌）] 2K1／2K6／9K52／9K76／9K79／9K720の発射車輌

⑲Завод No. 9／第9工場

1942年創業。エカテリンブルクにある。今やロシアで唯一の戦車砲メイカー。現在でも社名は「Завод No. 9」である。

[製造兵器（砲）] T-62／T-64／T-72／T-80／T-90／T-14の戦車砲

⑳Завод No. 112／クラスノエ・ソルモヴォ

1849年創業。ニジュニイ・ノヴガラトにある。潜水艦の造船所として名高いが、大祖国戦争期にはT-34の製造も担当した。現在の正式名称は「公開株式会社『“クラスノエ・ソルモヴォ”工場』(Открытое акционерное общество «Завод "Красное Сормово"»)」。

[製造兵器] T-34

㉑Завод No. 66／ズラトウスト工場

1939年創業。機関銃や機関拳銃などを製造していたが、1947年に工場内にSKB-385（⓮）が設立されると、以降は同設計局の開発した弾道弾の製造も開始し、特に潜水艦発射式弾道弾の製造で中心的な役割を果たした。現在の名称は「ズラトウスト機械製造工場（Златоустовский машиностроительный завод)」。

[製造兵器] R-11／R-17

㉒Завод No. 235／ヴォトキンスク工場（Воткинский завод）

1759年に製鉄所として創業した。大祖国戦争中は30,000門を超える対戦車砲を製造した。1958年からロケットの製造を開始し、R-11/-17を製造したが、1966年に初の固体燃料式弾道弾9M79を製造してからは、固体燃料弾道弾の主力工場となった。ロシアの現役の固体燃料式の大陸間弾道弾、潜水艦発射式弾道弾、戦術ロケットの全てがここで製造されている。

[製造兵器] R-11／R-17／9M76／9M79／9M714／9M723

㉓Завод No. 78／スタンコマッシュ

1935年創業。チェリャビンスクにある。元は工作機械などの工場だったが、大祖国戦争期に装甲車輌の部品を製造するようになり、以降、軍用品の製造も行った。無誘導戦術ロケットのロケット本体の製造を担当した。現在の名称は「連邦研究生産センター『スタンコマッシュ』(Федеральный научно-производственный центр «Станкомаш»)」。

[製造兵器(無誘導ロケット)] 3R1／3R2／3R9／3R10／9M21

㉔ペトゥロパヴロフスク重機械製造工場
(Петропавловский завод тяжёлого машиностроения)

1961年創業。カザフスタンのペトゥロパヴルにある。石油・ガス産業向けの機械が主力製品だが、軍用部品も多く製造した。

[製造兵器(発射車輌)] R-17/9K714の発射車輌

ロシア連邦軍編制一覧

■軍管区制

国土を、各作戦部隊が担当する地域ごとに分割することは、どの国でも行われていることである。ロシアにおいても、帝政時代から軍管区（Военный округ）を設けることは行われていた（第1次世界大戦期で14個軍管区）。ソヴィエト連邦時代に入ってもそれは継承され、大祖国戦争開戦時で16の軍管区と1つの戦線（Фронт）[※1] が設けられていた。同戦争終結時に29にまで増えた軍管区であったが（対日戦後には32にまで増えた）、冷戦期に統合が進み、冷戦最盛期の1980年代には16の軍管区に統合されていた。なお、「軍管区」は平時の編成で、戦時となるとこれを基に「戦線」という編成が設けられる。

ロシア連邦時代に入り、軍管区は頻繁に統合が行われ、一時は4つの軍管区にまで統合が進んだ。が、2014年に北方艦隊が独立した統合戦略コマンド [※2] となり、2021年からはそれが軍管区と同等となった。

この軍管区の特徴は、管内にある陸海空さまざまな部隊を一元的に指揮していることである（これを専門的に「統合」運用と言う）。陸海空の三軍を、軍種の枠を越えて単一の作戦コマンドごとに統合して運用することは、現在では多くの国で行われているが、ソヴィエト連邦では冷戦時代からすでに実施されていた。

右の地図に、1986年と2022年の軍管区を示す。合わせて、各軍管区に配備されている（いた）師団・旅団の数も記した。1986年当時のソヴィエト連邦軍は、戦車師団51、自動車化小銃師団142、砲兵師団16、空挺師団7を有し、今からは想像もつかないような巨大な組織だった。それに比べ、現代のロシア軍の規模が如何にこぢんまりとしているかが判る。

■軍管区ごとの隷下部隊

ここでは、2022年2月時点（ウクライナ侵攻以前）における、陸軍、空挺軍、海軍沿岸軍、について、軍管区ごとにまとめてその編制を示す。旅団以上の戦闘部隊について記載し、それ以下の部隊や支援部隊・特殊部隊などについては省略する。航空宇宙軍の編制については、続刊にて紹介したい。また、海軍の編制については拙著『ソヴィエト連邦の超兵器　戦略兵器編』（ホビージャパン刊）を御覧頂きたい。

※1：4-1項の注釈でも触れたが、ここで言う「戦線」とは部隊の単位。
※2：複数の軍種をまたいで指揮する能力を持った指揮組織。

◆軍管区と戦力 —— 1986

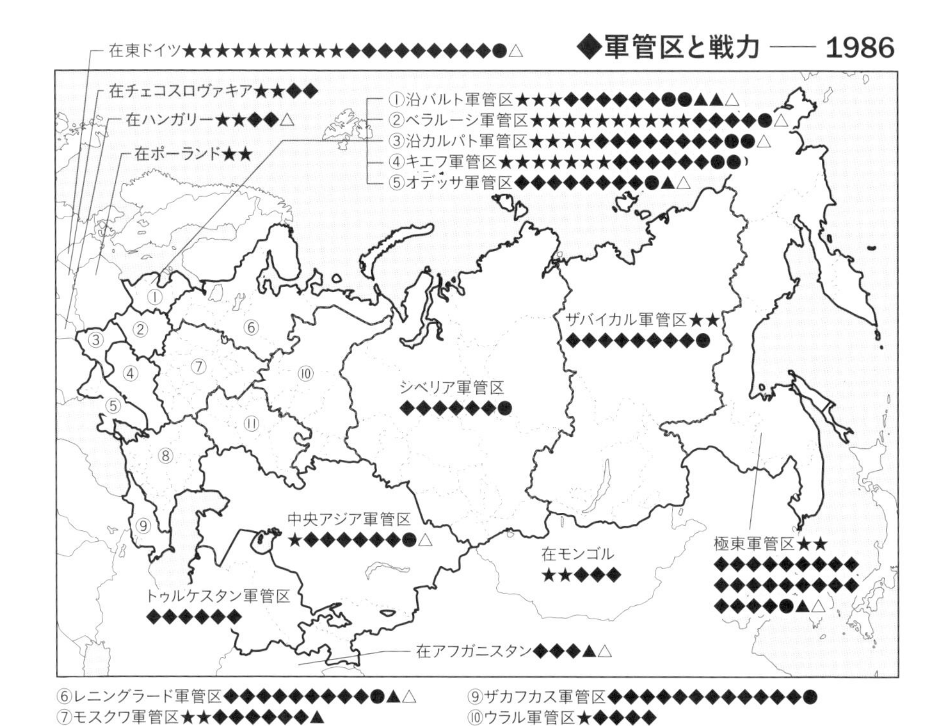

⑥レニングラード軍管区◆◆◆◆◆◆◆◆◆●▲△
⑦モスクワ軍管区★★◆◆◆◆◆◆▲
⑧北カフカス軍管区★◆◆◆◆◆◆◆●
⑨ザカフカス軍管区◆◆◆◆◆◆◆◆◆◆◆◆●
⑩ウラル軍管区★◆◆◆◆
⑪沿ヴォルガ軍管区◆◆◆◆

◆軍管区と戦力 —— 2022

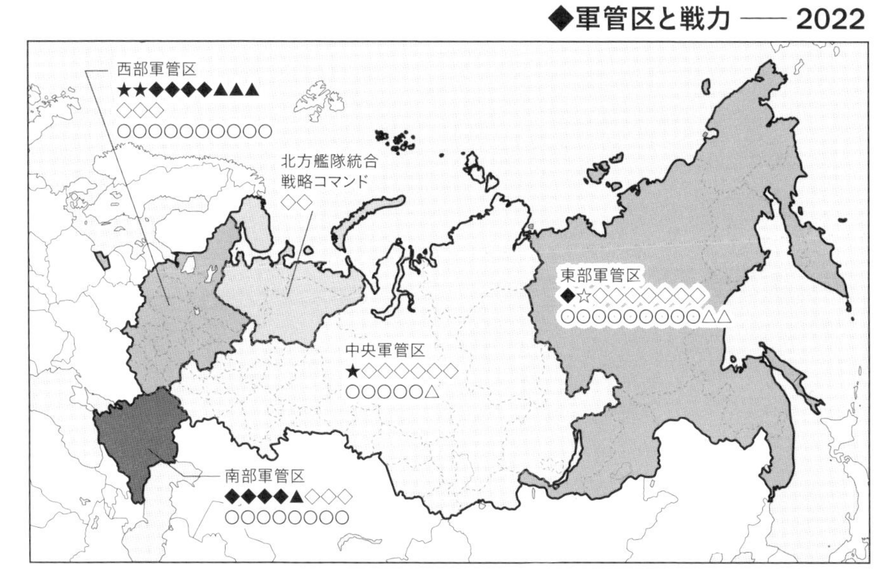

★＝戦車師団、☆＝戦車旅団、◆＝自動車化小銃師団、◇＝自動車化小銃旅団、●＝砲兵師団、○＝砲兵旅団／ロケット砲兵旅団／ロケット旅団、▲＝空挺師団／空挺強襲師団、△空中強襲旅団

西部軍管区　（司令部：ペテルブルク）

西部軍管区（Западный военный округ）は、面積こそ全国土の7％しかないが、首都モスクワとペテルブルクを含み、人口は全体の37％を擁する最重要地域である。その上、NATOという最強の敵を相手にするため、陸空ともに最強の部隊が配置されている。陸軍では冷戦期のような重師団編成が残っているのも特徴である。ウクライナ戦争では南部軍管区と共に主力となった。

◆陸軍

第1親衛戦車軍（アディンツォヴァ）

- 第4親衛戦車師団（ナロ・フォミンスク）
- 第47親衛戦車師団（ムリノ）
- 第2親衛自動車化小銃師団（カリニニェツ）
- 第27独立親衛自動車化小銃旅団（モスレントゥゲン）
- 第288砲兵旅団（ムリノ）
- 第112親衛ロケット旅団（シュヤ）
- 第49対空ロケット旅団（クラスニイ・ボル）

第6諸兵科連合軍（ペテルブルク）

- 第25独立親衛自動車化小銃旅団（ルガ）
- 第138独立親衛自動車化小銃旅団（カメンカ）
- 第9親衛砲兵旅団（ルガ）
- 第26ロケット旅団（ルガ）
- 第5対空ロケット旅団（ロモノソフ）

第20親衛諸兵科連合軍（ヴァロニェシュ）

- 第3自動車化小銃師団（ヴァルイキ）
- 第144親衛自動車化小銃師団（エリニャ［※1］）
- 第236砲兵旅団（カロムナ）
- 第448ロケット旅団（クルスク）
- 第53対空ロケット旅団（クリュクヴィンスク）

軍管区直轄

- 第45大型砲兵旅団（タンボフ）
- 第79親衛ロケット砲兵旅団（トゥヴェリ）

※1：より正確には「ィエリニャ」。

第202対空ロケット旅団（ナロ・フォミンスク）

◆空挺軍

第76親衛空中強襲師団（プスコフ）

第98親衛空挺師団（イヴァナヴァ）

第106親衛空挺師団（トゥーラ）

◆海軍沿岸軍

第11軍団（カリーニングラード）

第18親衛自動車化小銃師団（グシェフ）

第244砲兵旅団（カリーニングラード）

第152親衛ロケット旅団（チェルニホフスク）

第336独立親衛海軍歩兵旅団（バルティイスク）

第27独立沿岸ロケット旅団（ダンスコィエ）

写真：Ministry of Defence of the Russian Federation

南部軍管区　（司令部：ロストフ・ナ・ドヌー[※2]）

南部軍管区（Южный военный округ）は、冷戦期にはそれほどでもなかったが、ロシア連邦時代に入ってから、最も紛争の多い「最前線」となった。チェチェン紛争、グルジア紛争、ウクライナ紛争、シリア紛争、ウクライナ戦争、いずれもこの軍管区の所轄である。陸軍では、NATOとは違う相手をすることから、小規模でフットワークの軽い部隊が中心となっている。面積的には全国土の4％に満たないが、最精鋭の部隊が集まっている。

◆陸軍

第8親衛諸兵科連合軍（ノヴォチェルカッスク）

第20独立親衛自動車化小銃師団（ヴォルゴグラート[※3]）
第150自動車化小銃師団（ノヴォチェルカッスク）
第238砲兵旅団（カリェノフスク）
第47ロケット旅団（デャディコフスカヤ）

第49諸兵科連合軍（スタヴロポリ）

第34独立自動車化小銃旅団（スタラジェヴァヤ）
第205独立自動車化小銃旅団（ブデョノフスク）
第227砲兵旅団（マイコプ）
第1親衛ロケット旅団（ガリャチイ・クリュチ）
第90対空ロケット旅団（クラスナダール）

第58諸兵科連合軍（ヴラディカフカス）

第19自動車化小銃師団（ヴラディカフカス）
第42親衛自動車化小銃師団（ハンカラ）
第136独立親衛自動車化小銃旅団（ブイナクスク）
第291砲兵旅団（トゥロイツカヤ）
第12ロケット旅団（マズダク）
第67対空ロケット旅団（ヴラディカフカス）

軍管区直轄

第40親衛ロケット旅団（アストラハン）
第439親衛ロケット砲兵旅団（ズナミェンスク）
第77対空ロケット旅団（カリナフスク）

※2：より正確な発音は「ラストフ・ナ・ダヌ」
※3：より正確な発音は「ヴォルガグラートゥ」

◆空挺軍

第7親衛空中強襲師団（ノヴォロシスク[※4]）

◆海軍沿岸軍

第22軍団（セヴァストポリ）

第126独立沿岸防衛旅団（ピリヴァリナィエ）

第810独立親衛海軍歩兵旅団（セヴァストポリ）

第11独立沿岸ロケット砲兵旅団（ウタシュ）

第15独立沿岸ロケット旅団（セヴァストポリ）

中央軍管区　（司令部：エカテリンブルク[※5]）

中央軍管区（Центральный военный округ）は、シベリアをひとまとめにした軍管区で、面積（42％）、人口（38％）共に最大であるが、直接対峙する敵はいない。その分、他の軍管区に戦力を供給する「戦略予備」的な軍管区となっている。今や珍しい戦車師団が軍管区直轄となっているのはまさにその象徴である。そして、大祖国戦争による疎開以来、軍需産業を支える大工業地帯であることから、部隊だけでなく、兵器の供給源でもある。

◆陸軍

第2親衛諸兵科連合軍（サマラ）

第15独立親衛自動車化小銃旅団（ラシチンスキイ）

第21独立親衛自動車化小銃旅団（トツコエ）

第30独立自動車化小銃旅団（ラシチンスキイ）

第385親衛砲兵旅団（トツコエ）

第92ロケット旅団（トツコエ）

第297対空ロケット旅団（レオニードフカ）

第41諸兵科連合軍（ノヴォシビルスク）

第35独立親衛自動車化小銃旅団（アレイスク）

第74独立親衛自動車化小銃旅団（ユルガ）

第55独立自動車化小銃旅団（クズル）

第120親衛砲兵旅団（ユルガ）

第119ロケット旅団（アバカン）

※4：より正確な発音は「ノヴァラシイスク」
※5：より正確な発音は「ィエカティエリンブルク」

第61対空ロケット旅団（ビイスク）

軍管区直轄

第90親衛戦車師団（チェバルクリ）

第232ロケット砲兵旅団（チェバルクリ）

第28対空ロケット旅団（チェバルクリ）

◆空挺軍

第31独立親衛空中強襲旅団（ウリヤノフスク）

東部軍管区　（司令部：ハバロフスク[※6]）

東部軍管区（Восточный военный округ）は、かつての極東軍管区そのものである。その主敵は中国である。面積は全国土の41％もあるが、人口は6％にも満たない（800万人）。それがなおさら焦りを感じさせる要因となっている。ちなみに、中国は旧満州の東半分に相当する3省だけで1億人を超える。2022年2月に始まり、本書執筆中も継続するウクライナ戦争には、東部軍管区所属の部隊が遠く極東から長駆投入されている。

◆陸軍

第5諸兵科連合軍（ウッスリイスク）

第127自動車化小銃師団（セルゲエフカ）

第57独立親衛自動車化小銃旅団（ビキン）

第60独立自動車化小銃旅団（カミニ・ルボロフ）

第305砲兵旅団（ウッスリイスク）

第20親衛ロケット旅団（ウッスリイスク）

第8対空ロケット旅団（ラズドリナエ）

第29諸兵科連合軍（チタ）

第36独立親衛自動車化小銃旅団（ボルジャ）

第200砲兵旅団（ゴルヌイ）

第3ロケット旅団（ゴルヌイ）

第140対空ロケット旅団（ドムナ）

※6：より正確な発音は「ハバラフスク」

第35諸兵科連合軍（ビェラゴルスク24）

第38独立親衛自動車化小銃旅団（エカテリナスラフカ[※7]）

第64独立自動車化小銃旅団（クニャージ・ボルコンスカィエ1）

第69独立掩護旅団（バブスタヴァ）

第165砲兵旅団（ニコリスカィエ）

第107ロケット旅団（ビラビジャン）

第71対空ロケット旅団（ビェラゴルスク）

第36諸兵科連合軍（ウラン・ウデ）

第5独立親衛戦車旅団（ディヴィジオンナヤ）

第37独立親衛自動車化小銃旅団（キャフタ）

第30砲兵旅団（ディヴィジオンナヤ）

第103ロケット旅団（ウラン・ウデ4）

第35対空ロケット旅団（ジーダ）

第68軍団（ユジュナ・サハリンスク）

第18機関銃砲兵師団（ガリャチエ・クリュチ）

第39独立自動車化小銃旅団（ユジュナ・サハリンスク）

軍管区直轄

第338親衛ロケット砲兵旅団（ウッスリイスク）

第38対空ロケット旅団（プティチュニク）

◆空挺軍

第11独立親衛空中強襲旅団（サスノヴイ・ボル）

第83独立親衛空中強襲旅団（ウッスリイスク）

◆海軍沿岸軍

第40海軍歩兵旅団（ダリナフカ）

第155独立海軍歩兵旅団（ヴラディヴァストク）

第520独立沿岸ロケット砲兵旅団（アングリチャンカ）

第72独立沿岸ロケット旅団（スマリャニナヴァ）

※7：より正確な発音は「ィエカティエリナスラフカ」

北方艦隊統合戦略コマンド　（司令部：セヴェラモルスク）

北方艦隊はもともと西部軍管区に属していたが、ロシア海軍随一の戦略核戦力を擁する最大の艦隊であることと、北極海の戦略的重要性に鑑み、2014年から独立した統合戦略コマンドとなった。そして、2021年1月1日の大統領令にて、軍管区と同等扱いされることが明記された。北方艦隊だけでなく、その基地がある4つの行政管区もこれに含まれる。

◆陸軍

第14軍団（ムルマンスク）

- 第80独立自動車化小銃旅団（アラクルティ）
- 第200独立自動車化小銃旅団（ピェチェンガ）

◆海軍沿岸軍

第61独立海軍歩兵旅団（スプートゥニク）

第536独立沿岸ロケット砲兵旅団（スニェジュナゴルスク）

写真：Ministry of Defence of the Russian Federation

あとがき

本書は、『ソヴィエト連邦の超兵器 戦略兵器編』(ホビージャパン刊)の続編に当たります。同書では戦略任務ロケット軍と海軍の兵器について解説しましたが、本書では陸軍について取り上げました。第1章の冒頭に書きました通り、陸軍はどの国にとってもその礎となるものですが、特に大陸国家であるソヴィエト連邦にとって、その重要度は格別です。

そして、本書執筆時のまさに今、かつてソヴィエト連邦を構成していたロシアとウクライナは、国運を賭けた大決戦を繰り広げています。それは奇しくも、本書の主題である、ソヴィエト連邦時代に両国が共に開発した兵器同士の激突となっています。冷戦ははるか昔のこととなり、現代では様々なハイテク兵器が活躍しています。メディアは何かにつけてそういった目新しいものを採り上げ、従来の兵器は時代遅れであるかのように報道しますが、緒戦でキエフを守り切った砲兵部隊、2022年秋の東部奪還戦で歴史に残る進撃を行った機甲部隊など、従来の兵器がまだまだ主役であることが証明されました。それらの兵器が、どのような兵器であり、どのような経緯を辿って開発されてきたのか、本書がそれをみなさんに理解していただける一助となれば幸いです。

本書を出版するに当たり、編集の綾部剛之さん、イラストのヒライユキオさん、名城犬朗さん、みけらんさん、EM-chinさん、サンクマさん、装幀のSTOLさん、本文デザインの村上千津子さん、そして何よりも本書を手にしてくださった読者のみなさんに、感謝の言葉を述べさせていただきます。

誠にありがとうございました。

多田 将

■イラストレーター

( )内の数字は掲載ページを示す。

ヒライユキオ @hiraitweet

── 表紙、技術解説(6、9、13、15、17、18、23、25、27、30、67、105)、BMPT(89)

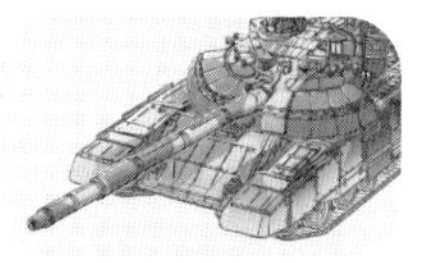

名城犬朗 @pk510bis

── 技術解説(11、36、44)、T-72系統の変遷(54-55)、T-90系統の変遷(57)、系譜図(62-63)

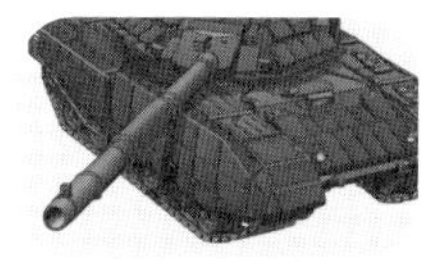

みけらん @Mikelan125R

── T-34-85/T-44/T-54A(39)、T-64A(43)、T-80系統の変遷(50-51)、T-72/T-90M(53)、裏表紙

EM-chin @QUEADLUUNRAU

── 系譜図(78-79、90-91、94-95、98-99、112-113、116-117)、統一戦闘プラットフォーム(86)

サンクマ @sankuma

── BTR-60P/BTR-60PB(71)、BTR-70/BTR-80(73)、BMP(81)、BMP3(85)、BMD/BMD-2(92)、BMD-3/BMD-4(93)、2S25(96)

■著者

多田 将（ただ しょう）

京都大学理学研究科博士課程修了、理学博士
高エネルギー加速器研究機構 素粒子原子核研究所 准教授
主な著書に『弾道弾』『核兵器』『放射線について考えよう。』(明幸堂)、『ミリタリーテクノロジーの物理学〈核兵器〉』(イースト・プレス)、『ソヴィエト連邦の超兵器 戦略兵器編』(ホビージャパン)などがある。

ソヴィエト超兵器のテクノロジー
戦車・装甲車編

2023年2月20日発行
2023年4月25日 第2刷発行

著　多田 将
イラスト　ヒライユキオ、名城犬朗、みけらん、EM-chin、サンクマ
企画・構成　綾部剛之
装丁　STOL
本文デザイン　イカロス出版デザイン制作室
編集　浅井太輔

発行人　山手章弘
発行所　イカロス出版株式会社
〒101-0051
東京都千代田区神田神保町1-105
編集部　mc@ikaros.co.jp
出版営業部　sales@ikaros.co.jp
印刷　図書印刷株式会社